超越地表
最強小編
社群創業時代

FB＋IG 經營這本就夠，
百萬網紅的實戰筆記

 冒牌生 著

【目錄】 c o n t e n t s

💬8k ❤7k 👤5k

Lesson 5
社群改變了世界什麼？

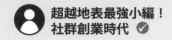
作 者 序

為什麼會有這本書？

我是冒牌生，一名從 15 歲那年就想當作家的小留學生，歷經部落格、微網誌的年代，再到後來的臉書、Instagram、影音、直播……的年代，經營社群超過 10 年。

經營社群看似容易，似乎是人人都可以做，但卻很難做得好、做得精。

如今這條社群的路走了超過 10 年，我曾被《數位時代》評選為臉書粉絲團個人經營組冠軍，並踏上自媒體的道路，得到臉書的藍勾勾認證 ❶，也成就了自己的作家夢想。

　幾年前，開始替各大企業品牌經營粉絲團，從飲料、零食、科技公司、五星級飯店、大型政府專案計畫……而在因緣際會之下，擔任新聞媒體業者的社群經營顧問。

　這些社群的實戰經驗，讓我發現三種截然不同的經營方式——自媒體經營、品牌客戶經營、媒體社群的經營，從資訊傳播、發文頻率，再到內容企畫，統統都不一樣。

　談到社群經營，許多人直覺就會想到臉書，但這個觀念應該導正。

　臉書是眾多社群平台之一，由於使用人數多、普及性強，因此變成各大企業、自媒體在社群經營中最常使用的一種工具，可是臉書並不完全等於社群經營。

　真正的社群經營很廣泛，舉凡部落格文章撰寫、微網誌、拍照攝影、影音製作、直播……公司規模較大的企業（如全聯），可能還包含危機處理、媒體關係經營、顧客關係經營等事項。

　坊間有許多談論社群經營的書，但絕大多數都是歐美、日本人所撰寫，有些技巧確實是可以互通，只可惜缺少對台灣特有的社群生態分析討論，以及案例解析。

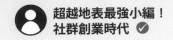

　　我會藉由這本書，從這幾年個人自媒體經營、品牌企業經營、

媒體經營的角度切入，給大家最完整的社群經營實戰經驗分享。

　　備註 ❶：藍勾勾是臉書的官方認證，幫助網友確認找到正牌帳號。雖然我叫做冒
　　　　　　牌生，但個人的帳號上也有藍勾勾認證喔。

Lesson 1　基本概念

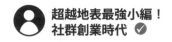

每隔幾年，
社群發展大不同

　　社群經營的世界瞬息萬變，今天你還是當紅炸子雞，明天可能就過氣了，若真要把社群經營得好，必須找到自己的核心價值。

　　我從 2005 年開始寫部落格，再到 2011 年經營臉書粉絲團，2013 年踏入直播……幾乎每隔一陣子就會有一種新玩意兒出來改變民眾接收資訊的方式。

冒牌生社群經歷

3 年 100 萬人次	1 年 1000 人追蹤	3 年 150 萬人按讚	8 萬人 追蹤	14 天刺激 百萬獎金	進行中
部落格	微網誌	粉絲團	IG	網路 直播	自媒體
·2005	·2008	·2011	·2013	·2014	·2015-2018

當時，我鎖定的核心價值是成為作家，因此著重在文字上下功夫。

那些年，我們在寫部落格的年代

從部落格年代開始，我的發文頻率是每週寫兩篇長文，希望可以透過自媒體的經營累積經驗。

經過 4 年多的努力，部落格好不容易累積了破百萬瀏覽人次，我的興奮無以復加，本以為可倚靠著「百萬人氣部落客」的名號成為一名作家，可惜當我整理稿件用 e-mail 投稿給台灣 30 多家出版社後，得到的回應大多如下……

已讀取

已讀取

已讀取

已讀取

已讀取

已讀取

已讀取

已讀取

已讀取……

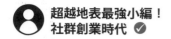
已讀不回！絕大多數出版社幾乎全都是已讀不回的態度。

一連寄了春夏秋冬四個季節後，有些出版社終於回信了，內容如下……

您好：
非常感謝您惠賜大作，因本公司目前出版方向考量，
雖經再三考慮，仍不得不予忍痛割愛，不情之處，尚祈見諒。
因平時來稿眾多，加以本公司為求審慎，
來稿均須經數位資深編輯同仁輪流拜讀，
如因此有耽擱時日，致造成您的不便，
謹此亦向您鄭重致歉，深盼日後仍有其他合作出書的機會。

　　敬頌

　　　　審稿小組

您好:

很高興收到您的大作，並謝謝您對□□出版社的支持與喜愛。感謝您賜稿於本社，由於內容和書寫方向，本社目前尚未有相關書系得以收納您的大作，不便之處敬請見諒！
期盼日後不吝賜教，繼續收到您的作品，在文學創作的路途上，目睹您的光彩！

祝您　　希望無窮
　　　　心想事成

　　　　　　　　　　　　　　　　　□□出版社 編輯部 敬上

　　那次投稿以失敗告終，也導致我第一次去思考「數據分析」的問題──將近 5 年的時間累積部落格 100 萬人次的瀏覽代表什麼？

　　這代表一年平均 25 萬人觀看，一年有 365 天，一天平均 684.9 人閱讀我的部落格，看似很多，但實際上排除我自己深怕錯過每一則留言，每天超過 500 次的自我拜訪之外，真正來看我部落格的人似乎比想像中來得少，而且這些人也不見得願意留下來繼續收看。

　　雖然部落格平台提供 RSS 訂閱服務，也就是用 e-mail 的方式自動通知讀者部落格已更新內容，但真正透過 RSS 訂閱服務回歸觀看的讀者少之又少。

　　即便品牌忠誠度高的部落客，粉絲回來觀看的人數會比較高，但絕大多數的部落客屬於累積讀者的階段，發出去 1000 份的 e-mail 有 10 個人回來就已經算是效果不錯的。

　　仔細想想，經營部落格的感覺，就像是跟一大堆人擦肩而過，衣服都磨破了，也沒擦出個火花來！

微網誌年代

　　於是，在 2007 ～ 2009 年開始流行另一個東西：微網誌。

　　歐美、日本流行的 Twitter、台灣流行的 Plurk，乃至於對岸常用的新浪微博都是微網誌平台的代表。

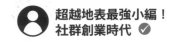

微網誌最大的特色在於只能發 **140 個文字**，必須運用最精簡的文字，吸引最多人關注。讓許多人不解的是，140 個字到底能說什麼？

絕大多數的微網誌內容屬於生活牢騷、網路笑話、搞笑圖文，也就是俗稱的「廢文」。廢文之所以是廢文，是因為屬於當下的情緒抒發，每個人都把自己當作新聞中心，發佈跟生活相關的瑣事。

這些內容就像雙面刃，對經營者來說，微網誌短小精幹的特性可以提升更新的頻率，讓發佈的內容輕鬆簡單，不像以往經營部落格需要長篇大論的方式，讓維護內容的經營者備感壓力。

但是，微網誌的興起也象徵著閱讀型態改變，讀者閱讀的內容傾向碎片化，閱讀時間被切割，沒耐心看長篇文章，再加上大量產出的情緒性文章時效性強，三、五天後回頭再看就失去意義了。

然而，微網誌的興起，主要是使用者可以透過**窺視別人的生活牢騷滿足自己的八卦魂**，以及關心自己在意的人生活點滴，讓追蹤者感覺拉近了彼此距離。

微網誌在台灣的流行時間不長，即便可以累積一群粉絲，但整體的發展史更像是從部落格到臉書時代的過渡期罷了。

2009 年以後，臉書由於網頁遊戲《開心農場》的偷菜功能席捲全台，吸引越來越多人加入臉書行列，加好友、玩遊戲、透過臉

書平台尋找人際關係變得越來越容易，也讓許多人開始「黏」在臉書上。

俗話說，有人的地方就有江湖；但在社群網路興起的年代，這句話應該換一種說法：有人、有網路的地方就有社群！

隨著智慧型手機逐漸普及，很多人在上網或瀏覽社群平台時，最常用的是手機而非電腦，加上資訊爆炸的年代，讀者的閱讀選擇多了數十倍、數百倍，很少人會像過去一樣「一次接受很多資訊」，所以現在的內容提供者要學習「搶眼球」的辦法。

確定自己在經營哪種社群，在茫茫網海中脫穎而出

經營社群時，都會經歷一段「找尋定位」的過程，對於社群經營者來說，讀者的喜好都可以藉由他們對你貼文的反應看出來。

建議一段時間就要檢視一下各個類型的貼文成效，若成效真的很差的貼文就不用太過堅持，不如多花點心思在大家喜歡、互動良好的內容上會更實際。

許多人常常為了內容主題的比例配置傷透腦筋，但以我自己的經驗，建議大家先確定自己到底是在經營哪一種社群？

社群生態的三種差別：共同興趣、新聞媒體、公眾人物／知名品牌。

我朋友 Doris 是位美女部落客，專職經營自己的臉書、部落格等社群平台，從模仿外國妝容到美妝商品試用、服裝穿搭……等時尚、美妝議題一應俱全。

由於內容豐富精彩，經營半年後，粉絲團人數從 0 增加到 3,000 名。但這陣子粉絲團人數停滯不前，便開始沒有動力更新，沉溺在「反正也沒人看」的沮喪中。

如果你有在經營粉絲團，是不是也遇過類似狀況？

原本的粉絲按讚、分享、留言等回饋，是讓你繼續下去的重要動力，可是偏偏經營一陣子後，按讚人數停滯不前，回應也越來越少，分享根本不敢奢望，彷彿把一顆石頭投進大海，卻沒有激起一點漣漪！

不由得讓人疑惑，粉絲累積速度的基準到底是什麼？到底為何會停滯不動？

停滯期怎麼突破？

首先，我們可以先解構你的社群屬性。對我來說，萬變不離其宗，社群可以分成以下三種屬性：

1. 共同興趣愛好：電影、動漫、健身、運動、美妝……運用共同話題凝聚人氣。

2. **新聞媒體**：透過新聞、評論等內容，運用民眾對於未知事物的好奇渴望，結合既有媒體輔助，傳遞資訊。

3. **公眾人物／知名品牌**：五月天阿信、九把刀、LV、星巴克……等，本身擁有一定知名度，透過「崇拜者」傳播。

這三種社群屬性，傳遞消息的概念不同，經營方式也不一樣。（如下表）

三種社群屬性

	常見經營範例	發文頻率	發文內容
共同興趣、主題類型	電影、動漫、健身、運動、美妝	至少一天一則	二次內容傳播
新聞、媒體類型	蘋果日報、今周刊	一天數則	因應時事議題而定
品牌、自媒體經營	星巴克、五月天	較為彈性，可拉長發文頻率，但至少維持2～3天，一則發文的頻率為佳	工作進度、網友見證、常見問題、促銷資訊

共同興趣、主題類型

如果要凝聚一群有共同興趣愛好的人，理論上來說，資訊的傳遞是「平等的」，讓所有感興趣的人都能發言。

這類型的人群和凝聚力太過零散，可取代性也高，再加上你知道的事情多半是第二手消息，因此如果要進一步擴大自己的社群，

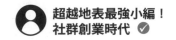

最好的解決辦法是在原本的觀點中創造出新的價值。

新聞、媒體類型

媒體形態的社群資訊傳遞是透過「新聞」「評論」等原生內容，讓讀者黏著在社群網站（如臉書、Instagram、Pinterst 等），透過按讚、留言、分享的方式，將內容再擴散到其他人際關係網。

資訊的傳遞是「點對點」，透過「官網 >> 粉絲團 >> 官網」將媒體影響力提升至極致。

如果遇到停滯期，可以多使用以往熱門議題，或者針對熱議時事進行正反兩面的討論，進而刺激更多媒體音量，產生社群擴散的效益。

最佳範例是，某網站內容在 9 月份推出教改專題，透過訪問學生、老師、教育專家進行三方辯論，提升內容廣度和深度，讓看熱鬧的社會大眾主動將認同的資訊，透過社群傳遞出去，進而讓原本的社群數變得更加活躍。

Doris 聽完好奇的問：「為什麼有些公眾人物的粉絲團，尤其像是韓國明星到大陸開微博，明明什麼都還沒講，卻動輒上萬的粉絲？」

品牌、自媒體經營

公眾人物或知名品牌透過作品累積一批迷哥迷姊，這些粉絲讓傳播效果變成一種放射狀，因此當建立粉絲團後，也許沒有公開宣傳，但迷哥迷姊看到後，會再主動分享給更多人看到。

事實上，這些公眾人物／知名品牌的社群不是沒有停滯期，而是取決於知名度的大小可以感染到多少人。

如果不是知名品牌也不是公眾人物，怎麼辦？

身為美妝部落客，Doris 遇到的就是上述狀況，她屬於還在耕耘階段，絕大部分的人也都一樣，還在慢慢努力。

因此，剛開始進行主題設定時，可以從共同興趣的內容切入，做出比較、分析、惡搞、再創造，經過社群擴散度或時間累積，才能漸漸成為該族群中的意見領袖，進而結合公眾人物和共同興趣愛好的概念，進一步將社群的音量擴大。

Doris 問：「如果缺乏媒體資源，缺乏被看到的可能怎麼辦？畢竟我們不屬於會被主流媒體關注的一群，那是不是要等累積更多好作品再經營內容呢？」

「記得前陣子爆紅的分手妝影片嗎？」我反問。

「就是那個一邊化妝一邊哭的女孩，影片點閱破兩百多萬的那

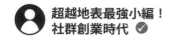
一部嗎？」

　　我點點頭，並問了一個問題。

　　「以專業美妝部落客的角度來看，你覺得那是一部好作品嗎？」

　　她聳肩說：「還好耶。可是偏偏點閱率好高！」

　　「是啊，如果是你，你會放嗎？」我反問。

　　「不會耶，」然後吐吐舌頭說：「因為化妝到一半哭得好醜。」

　　如果想突破停滯期，就必須勇於做沒嘗試過的事情。畢竟到底什麼是「好」的作品，我們只能揣摩，但無法完全確定觀眾的口味。我們必須培養議題敏感度，找到熱門話題，發表屬於自己的觀點。

　　「那到底該怎麼辦？」她又問了。

　　我舉了一個最直接的例子來做延伸。

　　身為美妝部落客，她可以在當時王菲和謝霆鋒的新聞鬧得沸沸揚揚時，模仿王菲歷年妝容，但由於現在時效性過了，熱度少了，若再分享王菲歷年妝容的效果也會跟著打折扣。

　　你會經過一段摸索期，經過這段摸索你會發現，一個正常循環的社群輪廓必須兼顧主題、更新頻率，以及持之以恆，而社群經營必須跟時間賽跑，實在永遠沒有準備好的時候啊。

Q ┌─**HINT**─────────────────────────────┐

遇到粉絲團成長停滯期時必須多方嘗試，並觀察讀者到底喜歡哪一種類型的貼文。

我們可以從共同興趣愛好著手，並以人為出發點，用共同興趣加以輔助，會比較容易架構出一個正常循環的社群，突破社群粉絲成長的停滯期。

開始經營社群前，先搞清楚臉書在幹嘛？

適用對象：媒體、自媒體、企業品牌經營

日前《蘋果日報》宣布將加入臉書「文章快手」（Instant Articles）新功能，這項新功能不只《蘋果日報》加入，包含《中國時報》《東森新聞雲》《壹週刊》都是首波就加入「文章快手」的媒體。

「文章快手」好處在於，讀者只需點選貼文右上角的閃電標誌，就可以在 1 秒鐘之內看到全文內容，不用再離開臉書外連到各大新聞網站，節省使用者轉換時間、更快吸收知識。

除了亞洲媒體，美國《紐約時報》（*The New York Times*）、《每日郵報》（*Daily Mail*）《華盛頓郵報》（*Washington Post*）等國際知名媒體，其實都已跟臉書合作推動「文章快手」服務。

但是，「文章快手」服務看似好處多多，臉書實際上卻正在佈一個很大的局──一個足以壟斷所有媒體的局。

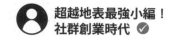
透過「文章快手」功能，讀者會變得更加依賴臉書，但媒體太過依賴臉書，可能因應臉書「動態時報演算法」調整新聞內容，若拿捏平衡失當，媒體在過於討好讀者口味考量下，只怕會失去原本該有的自主獨立性。

社群就像百貨公司，內容提供者則是名牌旗艦店

臉書尚未茁壯前，社群網站跟媒體之間的關係，就好像百貨公司跟各大名牌的旗艦店。

以前，人潮是在百貨公司和旗艦店之間來去，但現在「臉書百貨公司」做大了，無論是網路新興的內容農場或者傳統媒體，都搶著在裡面開專櫃。

剛開始內容提供者可能只需要小小的專櫃刷個存在感即可，但百貨公司人流多了，各大內容提供者勢必得把自己專櫃開得更大、更奪目，才能吸引目光佔據人流。

然而，有人變大就會有人縮小，必須順著百貨公司的規則才有糖吃，那些新進提供者，或者不想跟著臉書規則走的媒體，生存空間就可能被壓縮。最後到底哪個內容提供者是真正的贏家？

其實沒有贏家，因為最後真正的贏家終究是百貨公司。

打不贏就只能加入它

為了在百貨公司櫃位分配取得先機、佔到一個好位置，這些內容提供者大多擁有自己的網站、APP 或實體雜誌等管道，在臉書地位日益重要的考量下，各大媒體仍然搶著加入臉書佈下的局，為了找到更多讀者，維持自己的影響力，媒體勢必得加入這個遊戲，以確保不會被競爭對手超越。

媒體太依賴臉書的後果

大多數社群世代讀者的特性是：不喜歡看長文、停留時間短、喜歡看可愛動物影片，以及聳動、刺激感官的照片。

那麼，在維持「臉書讀者的互動關係」以及「自身報導深度和價值」的兩相考量下，媒體在臉書的經營只怕變得越來越難。

這項服務也是另一個傳統媒體面對數位化的轉捩點。

媒體經營者透過嘗試這些新型數位服務，判斷如何應對受眾需要、打造自有品牌並增加營收，養活旗下員工。同時也必須權衡「對臉書開放到什麼程度」，因為太過依賴單一通路讀者來源，勢必影響內容獨立自主性。當讀者天平越來越傾向臉書，媒體就可能失去控制權。

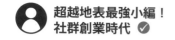

有句話說：「林子大了什麼鳥都有。」

臉書使用者已經達到全台一半的人口數。

理論上來說，各大媒體自成一格，都可以在臉書找到自己的受眾，比如，喜歡看《數位時代》的人不見得關心明星八卦。但臉書用「我們大家一起把新聞市場做大」的點，成功吸引各大媒體都加入「文章快手」。

只是現在多數人是透過臉書看新聞，而臉書演算法則會依照你的喜好（按讚、分享、評論）丟給使用者更多類似的內容。

每個人每天的時間都是 24 小時，新聞閱讀時間有限，媒體為了獲得更多讀者關注，難免跟著臉書的遊戲規則走。

臉書已經成為台灣最強勢的媒體。未來，臉書的「文章快手」功能若再成熟一點，滲透到更多使用者，將進一步提升臉書使用者黏著度，延長停留時間。

各大媒體經營者未來該如何維持自身獨立自主性，並持續透過臉書觸及更多讀者，才是養大另一頭媒體巨獸後最大的考驗。

從粉絲團經營者角度，看臉書調降專頁觸及率好與壞

打從 2013 年開始，臉書就一直在調整演算法，但在 2018 年剛開始沒多久，臉書創辦人馬克‧祖克柏就在自己的個人頁面拋出了

一顆震撼彈，他宣布調降粉絲專頁觸及率，包括品牌、商業、媒體類型等類型的粉絲專頁，都會再進一步調整觸及率，消息一出，讓全世界的小編紛紛哀號：到底還可以有多慘！

　　其實，我們可以參考全球廣告巨頭奧美所提供的數據，這次會引發諸多討論是因為消息出自祖克柏之口，也代表著臉書的決心，未來臉書粉絲專頁的觸及率只會更慘（如下圖）。

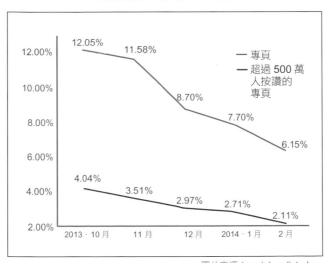

臉書粉絲專頁的平均值

圖片來源：socialmediatoday

　　為何祖克柏會決定進一步調降粉絲專頁觸及率？這又有什麼好

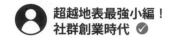
與壞？我們可以透過這篇文章來理解。

　　許多人認為，臉書降低粉絲專頁觸及率只是想要各大品牌及媒體繳更多廣告費、賺更多錢，但臉書在意的，或許不僅僅是廣告收入而已。

　　2017 年對臉書來說並不平靜，從美國總統大選開始，臉書屢屢被各大媒體指責放任俄羅斯有心組織購買廣告、製造假新聞、挑逗美國選民情緒，最終引導美國總統大選結果。

　　臉書曾在 2017 年 4 月發佈報告，證實俄羅斯的有心組織總共花了 15 萬美金（約 450 萬台幣）購買臉書廣告，其中 10 萬美金（約 300 萬台幣）是用英語發佈的特定訊息，試圖塑造意識形態的爭執和分歧，包含槍枝、女同性戀、種族相關議題。甚至還有些廣告直接取名為「川普」「希拉蕊」。

　　而且從密西根大學的研究，到 2017 年《哈佛商業評論》，紛紛指出長期使用臉書對人們會有不良影響，讓人有壓力，對精神和身體都不好。

　　因此，臉書創辦人祖克柏決定回歸初衷，降低粉絲專頁觸及率，提升人與人之間的交流。

　　畢竟，數據會說話，從 2016 年開始，臉書的個人互動頻率逐年遞減，臉書是網站，是一個平台，但現在留在臉書上的資訊絕大

多數是外站提供的，因此粉絲團經營者的作法，尤其是媒體類型的，都是把流量向外導出。

　　網路專家馬克・謝弗曾提供一張圖表（如下圖），明確表示社群的互動在降低，一對一的個人通訊平台正在興起，並在 2016 年出現黃金交叉。

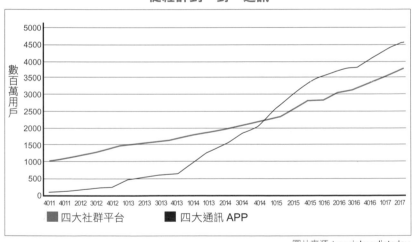

從社群到一對一通訊

圖片來源：socialmediatoday

　　這些蛛絲馬跡都讓臉書帝國開始佈局「一對一」的通訊平台，他們不只推出了 Messenger，更收購了 What's App。

　　台灣的使用者絕大多數都在使用 LINE，所以可能沒有感覺，但這兩大個人通訊平台，已經是全世界最多人使用的兩個通訊 APP。

　　因應這個趨勢，臉書甚至開始推動單獨的一對一分享，Instagram 也推出了摯友功能，提供使用者將想分享的內容，一對一的分享給好友。

　　另外，臉書也大幅度加強社團功能，現在社團每個月有超過 10 億用戶，這個數字十分驚人，因為比 Instagram + Snapchat 每月活躍用戶加起來的總和還要多。

　　然而，社團並無法取代臉書專頁，畢竟兩者溝通模式不一樣。

　　粉絲專頁的溝通模式是一對多，適合官方拿來散佈資訊、傳遞訊息；但社團著重在討論、多對多的溝通，以社群經營者來說，粉絲專頁的管理較為輕鬆，只需要著重自身的發文，但社團更像在經營討論區，內容龍蛇混雜，什麼都有，什麼都不奇怪。

　　那麼，社群經營者該怎麼辦呢？我們先來探討臉書的觸及率法則到底是什麼。

> # 臉書的觸擊法則 = C × P × T × R
> Creator　Post　Type　Recency

圖片來源：socialmediatoday

Techcrunch 曾經做過一個分析，探討臉書的觸及率法則，他們整合出一套公式——CPTR（如上所示）。

Creator：貼文是誰發的，而且過往你們彼此的互動狀況如何？

Post：何時發的？發文後的互動狀況如何？是否展開對話？

Type：哪一種發文？是純文字？圖片？連結？還是影片或直播？

Recency：越新的貼文被看到的權重越高？

除此之外，臉書的演算法還會將其他成千上萬種個人因素納入考量，因此，臉書的演算法是活的，因人而異，但萬變不離其宗。

貼文是誰發的？--------
何時發的？
哪一種發文？
互動率？--------

臉書的觸擊法則：落羽松

絕大多數社群經營者能控制的只有內容，但單純張貼內容已經無法觸及自己的使用群眾時，就必須再深入思考，哪種內容能夠引發讀者討論和展開對話？

對於臉書來說，直播是展開對話的一種方式，另外，把內容留在臉書，產出原生內容，而不導出臉書也是一種方式。

因此，前陣子許多人把直播當作唯一的解藥，我在課程中也常被問到，是不是只要開直播就好？該選擇哪種直播平台？

　　其實，社群和連結才是其中的根本。如果只是因為直播最近很夯，然後想要蹭熱度，選擇開啟其他平台的直播頻道，卻又沒有花時間經營，即使開再多社群平台也不會有幫助。

　　臉書也不是笨蛋，他們要的是**留住人，展開對話。**

　　臉書希望我們可以用原本的社群，把直播當作一種新鮮的玩意兒，重新開啟使用者與使用者之間的對話，而不是透過已經成形的臉書平台，再讓人們分享其他直播平台的連結，把用戶導出去。

　　最後，臉書調降觸及率到底是好是壞？這要以經營者的角度來分析。

　　對一部分跟臉書綁在一起、已經密不可分的品牌、媒體、商業粉絲團來說，當然不好，這代表生意越來越難做了，以前有個簡單、好用的工具提升曝光，但現在紅利取消，也只能認栽了。

Q | **HINT**

臉書未來還是會不斷調整演算法，這次的觸擊率調降迫使各大品牌、媒體、商業粉絲團思考更深層的價值，更瞭解使用者需求，並且多角化經營，而不是將所有雞蛋全都放在一個籠子裡。

畢竟，臉書只是一項輔助工具，更重要的還是在於產品本質，希望大家不要忘了這一點。

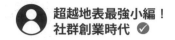
臉書和 LINE@ 做自媒體的侷限

前幾天跟朋友餐敘，他是個專欄作家，常在網路媒體發表時事觀點，那些文章都是時事評論，有時評評政治，有時話話行銷，若切中熱門議題，流量破 10 萬不成問題。

這大半年寫下來，每篇文章的平均流量可達 1 萬～ 2 萬，不過問題來了，這些流量似乎都只是過客，要怎麼樣才能把人留下來成為自己的讀者，進而成就自媒體呢？

我們討論出以下三種方式，從他目前的處理方式到最常見的作法，再到最潮的一應俱全，在此分享其中優劣給各位有心成就自媒體的讀者參考。

目前處理方式：臉書個人帳號

他目前的處理方式是在自己的媒體專欄下方提供個人臉書帳號的超連結，若讀者閱讀文章後有興趣，便會點擊連結看到他的臉書個人帳號，再加好友或追蹤訂閱公開貼文。

可惜，夢想總是很豐滿，現實卻偏偏很骨感。這大半年下來成效不彰，在知名度不高的情況下，很少會有網友看完文章後點進來按「加好友」或公開追蹤。

　　另外，由於他的文章大多具爭議性，也不曉得那些申請「加好友」的人是否居心叵測，不由得會擔心開放加好友後，反而跟自己原本臉書人脈網絡中的真實好友混淆。

　　那麼其他人都怎麼做呢？

常見處理方式：開粉絲團，看完新聞頻道文章把讚留下來

　　這是最常見的處理方式，可以把原本臉書好友圈做個區隔，又是使用者們習慣的使用方式。透過粉絲團累積一群一樣信念的人，未來在粉絲團發文後，還可以再鼓勵老讀者前往閱讀新文章。

　　不只是個人的自媒體可以這樣做，各大媒體也在這樣做，開粉絲團導流屢見不鮮，於是他又好奇這樣的效果好嗎？

　　而且他常聽我們這些「臉書客」（意指擁有部落格或其他社群平台，但主力在經營臉書的人，比如說我、Grace 陳泱瑾、Duncan design）抱怨臉書粉絲團效果越來越差，觸及率掌握在臉書神秘不可預知的演算法規則，一切都受臉書掌控，現在有沒有別的作法，可以不要把雞蛋放在臉書這個籃子裡？

最潮的處理方式：開個 LINE@ 帳號，讓讀者加好友

　　還有一種作法，是 LINE 提出的解套，前陣子 LINE 推出了

LINE@ 服務，讀者只需要有 LINE 就可以追蹤你設定的官方帳號。

以前大家會有一個印象，那就是 LINE 官方帳號的價格不菲，動輒上百萬，但其實用 LINE@ 比想像中便宜，一個月只需要 $798 就可以發無上限的訊息給你的讀者。看似便宜又大碗，但沒想到魔鬼藏在細節裡，「金額的高低」其實取決於「追蹤人數的多寡」。

為了實際測試，我自己也做了「開箱體驗」，大約在一天的時間有超過 1,000 名讀者加入我的官方帳號。以此類推，預計 20 天就會超過 2 萬名讀者在我的小圈圈。

假設，「冒牌生」有 2 萬名有效好友，那麼使用 Line@ 服務需要付費的金額最高就是 $798 台幣一個月，而且發送訊息的次數可以達到無上限。

但超過 2 萬人以後就會面臨更高的收費金額，隨著追蹤人數的增加，金額也相對提升。

		免費版	入門版	進階版	進階版（API）	專業版	專業版（API）
費用	設定費	免費	免費	免費	免費	免費	免費
	月費	免費	798 元	1,888 元	3,888 元	5,888 元	8,888 元
目標好友數	目標好友數	無上限	20,000	50,000	50,000	80,000	80,000
每月群發訊息則數	群發訊息傳送數量	每月1,000則以內	無上限	無上限	無上限	無上限	無上限
每月主頁投稿數	動態主動投稿數量	每月10則以內	無上限	無上限	無上限	無上限	無上限

　　這就像電信商提供的簡訊服務，不過名單相對精準，不是亂槍打鳥。

　　簡單說，一般使用者（中小型店家、部落客）的好友名單很少超過 1 萬人，平均約落在 2,000 人左右已經很可觀，所以他們花費的金額不會像我前面舉例那麼高。

　　LINE@ 到底適不適合我們來用？主要是看你屬於哪一種類型的經營者。

　　若你跟我的朋友一樣只是想做自媒體社群，那麼 LINE@ 可能就不那麼合適，畢竟發文有其成本存在，除非能操作到像對岸「羅輯思維」的程度，每天產出一則語音內容、一則好文推薦，最後自行成立電商平台，賣會員制度、賣課程、賣好書推薦的拆帳服務，才有機會回收這些發文成本。不然還是選擇免費、眾人熟悉的平台用心經營比較適當。

　　任何平台收費模式都會隨著不同時空背景調整，依照 LINE@ 目前提供的收費模式和服務，LINE@ 的服務非常適合電商和店家，畢竟每次發一則訊息成本並不高，而且消費者一定會接收到訊息，然而，重點就在於你所發送的內容是否有吸引力？經營的根本在「內容」，要有內容才留得住人，未來才有機會更多元發展。

Lesson 2　執行技巧

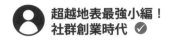
經營社群的七個目的
你陷入盲點了嗎？

　　自從臉書崛起後，經營社群變成了顯學。任何事掛上社群，感覺就比較潮，瞬間搭上「數位」的順風車，但實際上經營社群看似容易，真的要做到成就品牌並不容易。

　　試圖經營社群的人，往往會有如下七個目的：

社群經營目的

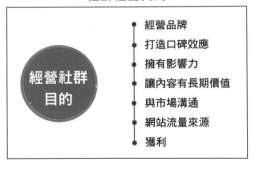

經營社群目的	
	經營品牌
	打造口碑效應
	擁有影響力
	讓內容有長期價值
	與市場溝通
	網站流量來源
	獲利

　　由於這幾個目的的撰文方向有所不同，有時候想要打造品牌或許必須捨棄盈利；再比如想打造內容的長期價值，或許就無法以密集、頻繁的時事與市場溝通。因此，我們必須先釐清自己經營社群的目的──你到底想做什麼？

　　瑞典新興手錶品牌 Daniel Wellington 是近期在社群平台經營品牌的好手。

　　從 2011 年創立到現在已經創下每年超過 1.8 億美金營收，大多數人也許只會看到成功的營收數字，但之所以讓 DW 手錶成功的關鍵在於社群的操作。

　　2013 年開始，DW 開始有計畫性的與眾多人氣網紅合作，官方提供免費的手錶和折扣碼作為交換，讓網路紅人在自己的社群平台上發文宣傳。

　　就連遠在台灣的我，也在兩年內陸陸續續收到 6 支免費手錶，可想而知，DW 為了經營品牌和社群音量，撒下的免費手錶宣傳資源之廣。

　　同時，DW 也取得網路紅人所拍攝的照片，並發佈在官方 Instagram 平台，減少宣傳照的成本，並凝聚了一群喜歡攝影、樂於在 Instagram 分享照片及喜歡復古風格手錶的群眾。這些照片有什麼用呢？它可以藉著「打造口碑效應」並慢慢的「擁有影響力」。

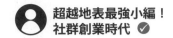
　　DW 現在的 Instagram 已經有超過 450 萬人追蹤。他們最後將自己的 Instagram 變成自媒體，運用自身的高追蹤人數，讓消費者以能夠登上 DW 的 Instagram 版面為榮，進而成為正向循環，讓越來越多人願意主動在 Instagram 分享穿戴 DW 的手錶，讓社群經營變成跟市場溝通的利器，進而成就網站流量來源，成就獲利。

　　這個社群的正向循環說來容易做來難，我們可以從這裡參考關鍵中的關鍵——Daniel Wellington 如何跟網紅搭上線合作：邀約信。

　　DW 的邀約信讓我印象十分深刻，用自身的價值破題，再提到對你個人風格的欣賞之情。這些技巧可以協助我們邀約社群媒體紅人，並做好後續的配套措施：

自我介紹

恭維

提供品牌能給的東西

等待回應

提出需求

審核素材

結案

許多經營者往往會有個迷思：做社群可以帶來什麼？

這個問題很好，但很多人會因此陷入一個盲點，那就是忽略了社群經營需要時間長期累積，只想看到立竿見影的效果。

從 Daniel Wellington 的案例，我們應該去思考一件事：**你到底可以給你的粉絲什麼？**

先思考可以給什麼，而不是可以得到什麼；再思考該怎麼給讀者，你給的方式，他們想不想要？這才是社群經營者最應該關注的議題。

一個素人要怎麼開始？

在經營粉絲團時，我也是從一個素人開始。

初期經營漫無頭緒，不曉得該從何開始，什麼都想要卻什麼都

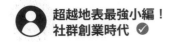
做不到。現在回顧當年的經營內容，發現自己做對了這三件事。

1. 族群設定

由於時間和人力有限，我沒有做包羅萬象的內容，而是維持單一主題，找到持續長期、固定發文的頻率，不亂也不散，進而快速獲得眾多粉絲認同。

早在10年前部落格的年代，我就抱持著一個信念——**我是做給「陌生人」看的，我的受眾不是身旁的朋友。**

那些為了人情來看一次、兩次的同學、家人、朋友們不是我想經營的對象，我希望可以在網路上找到志同道合的人，以及喜歡我文字和風格，會主動來看我內容的人。畢竟，人情就像衛生紙，看著很多，用著用著就沒了。

另外，不讓身邊的同學、家人、朋友知道太多部落格的事，反而可以避免一些不必要的包袱和干擾。

然而，歷經了那段10年的部落格摸索期，我經營臉書粉絲團時也是採取同樣的方式，但相較於之前籠統的「陌生人」，我把族群設定整理得更精簡一點。**透過回答以下這三個問題，你也可以很快速抓出社群族群。**

（1）你為什麼要做？一句話搞定。

（2）你想做給誰看？他們幾歲、住哪裡、身分／職業、用什麼平台？

（3）你的主題是什麼？用三、四個關鍵字搞定。

這三個問題看似簡單，但許多人在回答時容易太過籠統。好比第一個問題，許多人第一個浮現的想法就是：我想做品牌。

然後呢？喊出「想做品牌」很簡單，但接下來該如何定義你的品牌、如何創造品牌的價值，才是該思考的。

因此在回答這三個問題時，必須很實際，以下就用我上課時協助學員回答的範例給大家參考。

好的回答範例：

（1）我要賣高端寵物服飾。

（2）針對 25 ～ 55 歲的年齡層，他們大多住在都會區，是上班族、有經濟能力、有養寵物、平常會用臉書及 Instagram 和 LINE 這些社群平台。

（3）自家寵物照。網友投稿的寵物照，寵物服飾搭配，促銷資訊。

用簡單明瞭的方式回答上述三個問題，才能更進一步規畫後續相關事項。

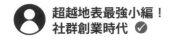

2. 直覺命名

取名一直是個讓人傷透腦筋的事，好的名字帶你上天堂，不好的名字讓你淹沒人海茫茫。

取名的技巧說穿了就是不要讓人有轉彎多想的空間，平鋪直敘沒有不好，讓人找得到才是重點。

命名的技巧，需要掌握四個關鍵：**熟悉度＞興趣類別＞區域性＞創意。**

命名技巧四大關鍵

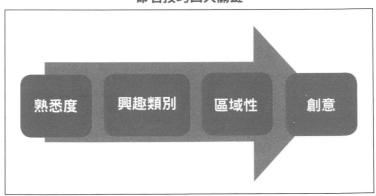

熟悉度　　興趣類別　　區域性　　創意

有一次到小琉球旅行，接待的民宿阿姨得知我在經營粉絲團，

有點納悶的問我，隔壁的民宿並沒有做得特別好，裝潢也沒什麼特別，可是為什麼住的人就是比較多？她認為自己民宿經營得不比對方差，為何粉絲團人數就是比較少？

答案其實很簡單，對方的民宿占了命名的便宜，直接叫做「小琉球民宿」，因此無論是在臉書搜尋、Google 搜尋都比較容易被看見，但接待我的阿姨民宿叫「曼。琉球」比較少人會去搜尋相關字詞。

有些公家單位或財團法人在命名時往往會想破頭，希望展現創意，但別忘了，取一個新名字不只會減弱官方權威性，還要再去推廣大家對新名字的熟悉度。

舉例來說，「新北市城鄉發展局」的粉絲團專頁名稱叫做「我愛陳香菊」，這是個以創意發想的命名方式，但相對來說，當網友在臉書搜尋「新北市城鄉局」相關內容時，卻不容易找到粉絲專頁。

因此，該如何平衡命名的創意和熟悉度，考驗著社群經營者的智慧。

3. 自介明瞭

這裡我們要先回歸剛才所寫的族群設定，從中寫出淺顯易懂的自我介紹。

基本上要把握以下三個重點：

（1）暱稱，地點，我在做什麼？喜歡做什麼？想要怎麼樣？

（2）會分享的三個主題

（3）一句座右銘

回答後如下：

（1）我是冒牌生，台北人，喜歡寫作和旅行

（2）我的粉絲團分享的是 **# 寫作 # 旅行 # 生活**

（3）希望大家可以在我的文字裡找到友情和勇氣

整理成段落，會變成：

我是冒牌生，旅居台北，喜歡寫作和旅行，出版了七本書，我用粉絲團分享 **# 寫作 # 旅行 # 生活**，希望大家可以在我的文字裡找到友情和勇氣。

自我介紹不用長，但必須讓大家快速認識你。

再拿一開始的「高端寵物服飾」作為案例：

（1）我是某某某，高雄人，養了 3 隻毛小孩，喜歡幫牠們做造型。

（2）我在這裡分享 **# 自家寵物照 # 網友投稿的寵物照 # 寵物服飾搭配 # 促銷資訊**。

（3）讓我們一起寵愛毛小孩吧。

整理成段落，會變成：

我是某某某，高雄人，養了 3 隻毛小孩，喜歡幫牠們做造型。我在這裡分享 **# 自家寵物照 # 網友投稿的寵物照 # 寵物服飾搭配 # 促銷資訊**，讓我們一起寵愛毛小孩吧。

經營初期先掌握好以上原則，畢竟粉絲團的路線是可以改變的，而且每個粉絲團階段性任務也不同，因此不必為自我介紹煩惱太久。爾後，等到粉絲團經營上了軌道後，發展出別的路線再慢慢調整即可。

Q | HINT

絕對不要在你設定好大頭照、封面照，寫了一點「關於」以後就開始宣傳，昭告身旁的親朋好友。那時候內容還沒準備好，來按讚的人只是人情讚，並不是真的看了你的內容喜歡才來的。

因此，不管是經營哪一個平台的社群，至少等到 6 張圖文，Instagram 9 張及一個滿版的內容以後再昭告天下。這樣可以協助你測試哪種內容最受歡迎，拉長讀者的停留時間，讓宣傳變得更有效益。

好的名字成功一半！粉絲專頁命名的三個小秘密

名字是大家對你的第一印象，取得不好，寫出再厲害的內容

也無法在第一時間吸引粉絲的注意，想要在眾多粉絲專頁中脫穎而出，取個好名字就是首要基本條件。

粉絲專頁的名稱再有創意也不要淪為自 high，哪些關鍵字可以引起目標族群的關注才是重點。取名字時很多人都會疏忽以下這兩種情形，你是否也犯過同樣的錯誤呢？

名字太冗長，什麼都想要

一個好的名稱可以讓社群更容易被搜尋引擎找到，有些人想要小聰明，在粉絲專頁名稱裡拚命置入關鍵字，但無論是臉書還是 Google 這些大公司，他們的工程師都不會比你笨，也會採取預防措施。

不要為了置入關鍵字而本末倒置，名字代表品牌給予消費者的形象，太冗長不僅僅會讓讀者找不到，更會弱化品牌，得不償失。

取名時，儘量涵蓋一個族群或產品名稱，無論是地區、性別、興趣都可以，先清楚明瞭再來考慮創意。

試著把最重要的字詞放在最前面，設定一個主要的關鍵字，如地區、性別，甚至於興趣類型和品牌名稱，讓你的命名簡短好記，符合用戶搜尋邏輯。

不要太鐵齒，測試是必須的

命名是很主觀的事情，因此不要立刻做決定，不妨試試看選出三五個符合心意的名字做測試，測試的方式可大可小。

想要做大，可以找市調公司；如果沒有那麼多預算，也可以用臉書發文問問身旁三五好友的觀感。

不要太擔心一旦命名以後是否不能修改，因為現在的臉書粉絲專頁已經建立了修改名稱的功能，但更改的方式要有關聯性，與原本的名字不能差異太大，最好文字之間有關聯性。

例如：「娃哈哈烘焙坊」粉絲專頁不能直接改成「小寶貝麵包工廠」，因為兩者之間毫無關聯。但可以從改成「小寶貝烘焙坊」，待三、五天（有時候只要半個小時，看運氣），臉書審核通過後，再相隔半個月到一個月的時間，就可以改成「小寶貝麵包工廠」。

粉絲專頁取名需要一點憧憬感

關於粉絲團的命名，有個學生曾在我的小編特訓班問過一個有趣的問題。

他說，為何很多人跟老外交往就要開粉絲團，而且按讚數還不差，是不是因為台灣人太過空虛？

　　他並非空口說白話，列舉幾個知名的粉絲專頁來說，如：「雖然媽媽說我不可以嫁去日本。」「我的韓國歐巴不浪漫」「德國牽手」還有一些台灣媽媽和混血寶寶的粉絲團，族繁不及備載。其中「雖然媽媽說我不可以嫁去日本。」及台灣媽媽和混血寶寶的粉絲專頁人數更高達幾十萬人。

　　我想，除了記錄愛情、孩子的成長史、表達文化差異之外，這些粉絲團的命名方式多半很直接，符合上述提到的命名原則：**憧憬感、直接明瞭、地區分眾**。

　　坦白說，有需求就有供給，那些歐美、日韓的異國戀曲也反映現代社會一部分的價值觀，畢竟很少有台灣女生會開一個「我跟某東南亞國家男友的相愛日常」對吧?!

　　社群網站、社群是一個用來展現自我、表達優越感、得到自我滿足的地方，因此這些粉絲團也總是很能吸引眾人目光。

　　最後提醒，命名後也要設定短網址和用戶名稱。當你的粉專擁有超過 25 個讚，可以設定一個用戶名稱，網址也將從一長串亂碼變成你所設定的用戶名稱。設定短網址時，最好與品牌英文名稱、網址保持一致，避免造成讀者混淆。

🔍 **HINT**

為社群取名簡單來說必須注意以下四點：
1. 設定一個主要關鍵字
2. 直接明瞭
3. 多選幾個名字，詢問並參考他人意見
4. 要有一點憧憬感
記得讓粉絲在第一時間知道你想傳達什麼主題，才能成功吸引目光，讓經營之路事半功倍。

企業主經營社群的三大迷思

近期到各大企業和一些半公家單位討論社群經營的議題，每次分享社群經營的經驗都會有提問時間。幾次下來，我發現題目的層次已有所改變，以前大多議題是圍繞在「社群經營到底有沒有意義？」「是不是一定要經營臉書粉絲團？」……

現在社群經營已成為顯學，不再需要討論社群經營的意義，社群經營人和企業主如今面臨的問題，已轉變為詢問經營技巧相關內容，如：「是不是要每天貼文？」「為什麼粉絲團都沒有人理會？」「如果內容同質性很高，讀者會不會覺得無聊？」

這些提問或許對各位有些幫助，因此在此整理，統一回覆。

1. 經營粉絲團就要每天貼文嗎？

這問題需要先釐清產業類別，如果是媒體業者，本身就有在自

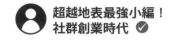
產內容，每天需要發文的數量就要多。

因此我們可以看到各大媒體粉絲團，如東森、蘋果、風傳媒、數位時代……都是一日數篇。

可是，我們常常看到傳統產業或沒有執行人力的粉絲團，為了追求每天貼文數量，發一些惡搞圖片、網路轉發影片、可愛的小貓小狗、嬰兒……等，與其每天發廢文（跟公司無關的資訊），還不如兩、三天整理一篇有價值的內容。

2. 如果只是發公司消息，會不會沒人要看？

有些傳統產業的企業主經營粉絲團，總會希望一夕爆紅，這個觀念應該導正為，不要在這股社群浪潮中缺席就好。

因此在經營粉絲團時應該要思考內容的本質，並且改變經營的觀念。

不要總認為社群是萬靈丹，真正重要的是，當身旁的人或有需求的客戶在透過臉書搜尋公司名稱進入粉絲團時，你的粉絲團是否能夠快速幫助顧客找到聯繫方式、產品資訊，提升轉換為訂單的可能。

另外，你的粉絲團是否確切呈現公司品牌形象？

畢竟絕大多數的中小企業和傳統產業人力有限，更應該實際

去思考在有限人力的情況下，內容到底是要做廣還是做深？顧客真的在意你是否有在關心時事八卦嗎？還是更在意你在專業領域的知識？所以不用擔心粉絲團有沒有人看，而是要關心當客戶有需要時，是否能看到你的專業能力。

3. 粉絲團發文樣式太過類似，讀者會不會覺得無聊？

找出自己發文的風格很重要，因此我常建議企業主貼文時可以製作出一個板模，最好是規格一致，才能加強讀者印象。

只是這個建議常在企業主經營了兩三週後被詢問：粉絲團發文樣式會不會太過類似？讀者會不會覺得無聊？

這需要考慮到經營者和閱讀者之間的差別，一般社群經營者幾乎每天都會去粉絲專頁統一瀏覽、發文、回應留言。因此在粉絲團耗費的時間比閱讀者冗長很多。

可是，一般消費者看到貼文內容時，通常是在自己的動態時報而不是點擊進入粉絲專頁，從頭到尾把貼文看完。

也就是說，企業粉絲團的內容會出現在使用者的動態時報上，同時上下欄位出現的內容是百家爭鳴五花八門的。

不必擔心貼文同質性太高的問題，真正重要的是，觀眾席有沒有理解和認同你的理念，進而支持你的產品。

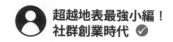
上述經營社群的方式，不見得適用每個人，尤其媒體產業具有其特殊性，更不適用於此，但若是一般中小企業或傳統產業，本身沒有經營內容，應該思考內容的本質及改變經營的觀念，因為轉發太多新聞資訊和可愛影片這樣過剩的資訊，對顧客和自家品牌並無幫助。

什麼樣的圖文按讚高？七大貼文型態

資訊爆炸的年代，讀者的閱讀選擇多了數十倍、數百倍，現在內容提供者要學著去「搶眼球」。

因此「什麼樣的圖文按讚高」十分重要，如何找到讓人產生興趣的地方，讓讀者產生好奇心、共鳴感，是每一個社群經營者必備的技能。

我們可以從兩大層面來說明：

1. 什麼是容易引起讀者共鳴的貼文型態。

2. 高按讚圖文的迷思。

大家對於臉書的發文方式並不陌生，但許多人缺乏觀察。在討論哪一種圖文按讚高時，先來分析哪些貼文是大家常常發佈的：

‧驚喜時刻

‧期待未來

- 流行話題
- 非凡體驗
- 心情領悟
- 分享新知
- 成就達成

驚喜時刻

大多數人會按讚，是感受到他人的喜悅，看到他人值得紀念的時刻，表示自己關心。於是，當我們在臉書發佈驚喜時刻的文章時，**好比旅行發現的新事物，特殊的經驗，收到禮物**……由於自身人脈圈的緣故，比較容易引發較多共鳴，得到的「讚」也會比日常發佈的貼文來得高。

期待未來

當我們期許未來，可能會比較容易得到鼓勵，這裡所指的不全然是「新年新希望」「給三年後的自己」等未來期許，還有更多較為**輕鬆的內容也適用，如發文時期許即將到來的假期、節慶，甚至旅行計畫**，若你的朋友圈生活型態差異不大，這樣也更容易引發共鳴和迴響。

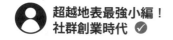
流行話題

流行的話題取決於時效性和個人議題敏感度，台灣最常見的例子是每四年一度的選舉，大家都會想來說個兩句；其他像是熱門新聞時事，舉凡跟政治、動漫、電影、美妝、影視娛樂相關的都會有基本程度的關注，但流行話題尤其是政治類型也是雙面刃，很容易因為不同的見解產生排斥效應，導致不同意見、立場的人取消追蹤。

非凡體驗

這是最好用也是最常見的貼文類型，相信許多人都嘗試過，在朋友、家人們聚餐時拍下一張照片，描述「多年不見朋友／家人聚餐」，此外，包含**畢業典禮，Party、演唱會都是很好的發文素材，由於這些素材會勾起大家的共同回憶和各自與朋友相聚的畫面**，因此也會得到比一般發文更高的按讚數。

心情領悟

無論男女老少都會發這類型的貼文，代表心靈層面的改變，你頓悟的時刻往往代表著放下、沉澱、決定向前走了。試著在深夜時刻沉澱心情，**不管是遇到了爛情人、壞老闆，分享人生挫折的時刻，**

<u>對比以前的不忍和現在的灑脫，只要讓身旁的人看到你的改變，</u>這類型貼文獲得的按讚數絕對超出想像。

分享新知

人類天生有資訊焦慮的症狀，唯恐人家知道自己不知道的事。這類型的貼文常在許多媒體類型的粉絲團看到，分享內容包羅萬象，<u>無論是科學新知、美容小知識、世界趣聞都可以涵蓋，</u>通常在分享新知類型的貼文時會搭配整合性的標題，讓人們產生一種按了讚就把知識全部吸收了的錯覺。

成就達成

當你達到人生特殊成就時，<u>如求職成功、升遷、結婚、離婚（擺脫困境），甚至是收到開工紅包，</u>在這些特殊時刻，你的朋友圈通常會跟你一起按讚慶祝，按讚代表看到了你的喜悅之情，表示喜悅之意。但通常這類型的讚需要彼此互相給予鼓勵，他們也會渴望在達成成就的時候收到他人的回應。

以上這七種發文類型，還可以再細分為強連結和弱連結。

強連結是情緒，弱連結是體驗，我們要著重的是情緒上的連結，而非體驗。

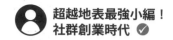

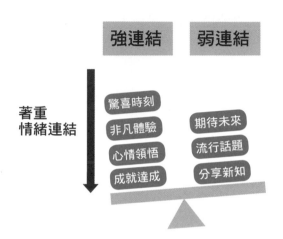

強連結與弱連結

一樣的圖片搭配不同的文案就產生不同的效果，尤其是當你運用了強連結的概念後，發文的迴響也會有所不同。

有個美食部落客朋友，平常喜歡吃吃喝喝，總會在臉書分享自己吃過的餐廳，文案也是很基本的店家介紹、地址、菜色……等相關內容。

每篇貼文的按讚數落在 20 ～ 30 個讚，雖然寫得很認真，但迴響卻不如預期。

某次他女兒高中畢業，朋友帶著全家大小去吃一家高級餐廳，拍了一張全家用餐的畫面，寫道：「慶祝女兒高中畢業，帶她來吃 XXXX。」

一樣都是美食紀錄文，但由於內容從一般的美食體驗（弱連結）變成了感概個人成就達成（強連結），該則貼文的按讚數也有顯著的差別，兩三天後那篇貼文達到了 200 ～ 300 個讚，比之前美食紀錄型態的貼文高出許多。

高按讚圖文的迷思

經營社群有時候會陷入數字的迷思，我們可以從下述這三張圖片破除迷思。

下列這三張圖片發佈的時間差不多，我把它們區分成三種不同類型：1. 語錄 2. 旅行 3. 生活。

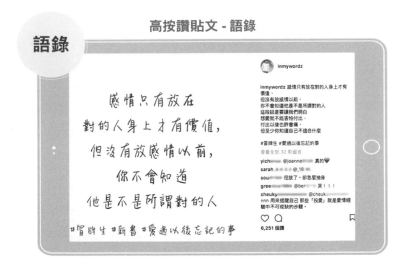

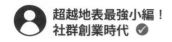
超越地表最強小編！
社群創業時代 ✓

高按讚貼文 - 旅行

旅行

高按讚貼文 - 生活

生活

每一則按讚的數字分別是：6,200，4,100，3,100。

這三個數字對很多人來說都屬於高按讚的圖文，但什麼叫做高按讚貼文？

對經營者來說必須從數據分析，找出讀者真正喜歡的內容，以及自己經營的核心內容才能區分。

經營者要替自己抓出一個按讚平均值，高於按讚平均值才是高按讚的圖文。

冒牌生 IG

舉例說明，我的 Instagram 每則貼文平均按讚可以落在 3,000 左右，若是該則貼文按讚數沒有超過 3,000，對我來說就沒有達到高按讚的標準。

每個社群都是「活」的，都有自己的核心內容，必須找到自己的核心價值。

以我的社群來說，讀者最喜歡的分別是語錄＞旅行＞生活。

如果我總是一直發「生活」相關的貼文內容，不給他們想要的「語錄」，長久下來讀者就會逐漸流失。

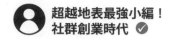

這時候就會衍生另一個問題：難道經營的人就應該被讀者綁架，只能發讀者想看的內容，不能發自己想發的內容嗎？

這時就要談談經營者的心酸告白了。我們當然可以發自己想發的內容，但必須拿捏好比例原則，我拿自己經營的 Instagram 作為例子。

我很清楚讀者想要的內容是語錄，可是在此同時，我又想讓讀者明白，這個社群不是只有語錄，也有我個人品牌的成分。

因此我運用了穿插手法，一張語錄一張我自己的照片；即便兩種貼文的按讚人數有落差，語錄類型總是特別高，貼文中有我照片的按讚數較低，但這就是經營者必須取捨的地方。

一般來說，發文可以遵循比例原則（詳 Lesson3 發文比例原則），平衡讀者想要的和經營者想要的內容，維持社群的獨特性。

再回歸到「什麼樣的圖文按讚高」的主題。

簡單來說，要找出自己按讚高的貼文，必須做到以下三點：

1. 替自己的貼文分類。

2. 找出貼文按讚的平均值。

3. 把高按讚的貼文發揚光大。

Q　HINT

粉絲團的粉絲們具有獨特性，會對某些特定議題有感，挖掘粉絲的議題獨特性，持續發揮才能凝聚。

什麼樣的圖文回應高？三個提問技巧

你曾試過在社群網站提問，卻總是怨嘆沒有人回應嗎？別著急，先來聽一個真實案例。

當我在出第三本書時，出版社希望我可以運用自己的社群平台宣傳，做個暖身。當時我們為第三本書的書名傷透腦筋時，我靈機一動，希望用社群平台來問問讀者意見，該怎麼為第三本書命名？

於是，我在臉書問了一個問題：你們覺得我的新書應該叫做什麼名字？結果……好幾個小時都沒有人回應。

為什麼呢？因為這個問題太難回答了，讀者不是你肚子裡的蛔蟲，我們提供的資訊太少，讀者也不知道該怎麼反應。

沒多久，我刪除了那則貼文，隔了幾天換新題目重發一次，這次我問：「新書名稱四選一，你覺得哪一個比較好？」

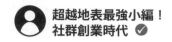
新書名稱四選一

　　類似的問題，我們換另一種詢問方式，得到的結果也大為不同，那篇竟有超過329個留言，讀者非常踴躍參與新書命名的活動。

　　在後續經營社群的過程中，我也發現三個屢試不爽的提問技巧，分別是：**選擇題、一句話快速回答、點名。**

　　運用這三種提問方式可以活絡社群，讓經營者有成就感，也讓粉絲們擁有參與感。

選擇題

從剛才提到的新書命名案例，可以發現，提問時答案必須簡單、好回答。在圖片中也運用了**編號**的方式，方便讀者回應時，只需簡單留下數字即可，提高回答意願。

值得一提的是，我曾有次替某個政黨小編上課，上完課後小編們實際操作，反應效果不好。我實際去看了他們的提問方式，他們的問題鋪排大致如下：

Q：桃園適不適合當航空城？

適合，但是……

不適合，但是……

各自表述……

你是否也發現其中的誤區？

他們所設定的每一個答案都有轉折，**選擇題的答案若有轉折，會降低使用者的回答意願**。

因此當我們在設定社群選擇題時，答案盡量單純使用**二分法**：是、不是；好、不好；對、不對……簡單明瞭，無須揣摩、轉折的方式進行。畢竟，若讀者想表達更多意見，會自行留言表述。

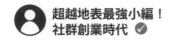
一句話快速問答

我有個粉絲團專門在討論宮崎駿動漫，粉絲團人數已達 50 萬，有次，我發了一張宮崎駿經典電影《神隱少女》劇照，故意用有點賣關子的方式說：「你們猜得出來這是哪一部宮崎駿的經典電影嗎？」

一句話快速回答

結果，獲得了接近 200 個留言紛紛表達「神隱少女」「神隱少女」「神隱少女」……我樂不可支，朋友好氣又好笑的說：「這有

什麼好開心的，所有人都回答一樣的東西，不覺得很空虛嗎？」

　　這就是社群經營人和普通人的差異了。

　　一句話快速問答，目的不在於百花齊放的答案，而在於一呼百
應的效果。

　　我們要去思考，為何這些人想回應，回應代表這群人較為活
躍，他們想要讓經營者知道，「我們有共同的記憶」，因此越多人
回應也代表經營者的號召力越強。

　　若一個社群經營者所經營的社群，用這樣的方式都還沒有回應
時，那才是社群的警訊。

　　一句話快速問答的常見作法：

　　1 月：一句話說說新年新希望。

　　2 月：春節相關議題，你收到多少壓歲錢，你最常聽到長輩說
的話。

　　3 月：開學、開工期許。

　　4 月：愚人節相關議題。

　　5 月：寫給媽媽一句感謝的話。

　　6 月：畢業了，你想對未來的自己說什麼？

　　7 月：暑假計畫去哪裡玩？

　　8 月：寫給爸爸一句祝福。

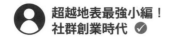
9 月：用一個字總結你的上半年。

10 月：一年快過了，你看了幾本書？

11 月：秋天是寂寞的日子，來推薦一首虐心的情歌吧。

12 月：寫個年度代表字，記錄你的一年吧。

點名

點名分兩大類型。其一是跟隨時事、節慶進行。這類型的點名相對簡單，經營者只需要在節慶前一週貼文表示：「聖誕節，你最想跟誰一起度過？」

讀者就會自行在下面留言標記好友。

我的 Instagram 社群也常常跟讀者進行點名互動，得到的回應

數從 30 個到 100 個都有可能。

相較於時事、節慶，平淡無奇的時光還是比較多，那該怎麼辦呢？

這也就必須帶到另一種點名型態。在「高按讚圖文的迷思」中提到，<u>**粉絲團的粉絲們具有獨特性，會對某些特定議題有感，挖掘粉絲的議題獨特性，持續發揮才能凝聚。**</u>

這裡必須考驗社群經營者的觀察能力。經營一段時間後，你會發現讀者對特定議題有感覺。

我的社群讀者偏好「愛情」「友情」的勵志語錄，特別是友情相關的句子，只要是相關議題，分享、標記好友的比例就會飆高。

平常留言標記的數量為 5 ～ 10 個，但若是友情相關的句子，留言標記好友的數字會高於 30 個，甚至曾有過 199 個的紀錄。

這個數字代表的是有 199 個人主動標記好友，相較於陌生開發來的按讚數，這些好友跟原本按讚的粉絲同質性較高，也較有機會留下來追蹤。日積月累，這類型點名帶來的粉絲群眾也不容小覷。

Q | HINT

善用問題、創造回應，可以活絡社群，但題目必須是讀者感興趣的，並且能夠快速回答的。

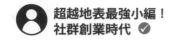
什麼樣的圖文分享高？五個理由&三種類型

依現在臉書的演算法，分享的擴散效應最好，其次是留言、再來是按讚、點擊。因此，如何創造高分享的貼文是許多人都渴望的事情。

針對分享，我們可以從兩種層面來討論。

首先，為什麼大家會分享你的內容？一般來說被分享有五個理由：

1. 想跟你當朋友，跟你互動？

2. 希望可以互相回饋？互惠？

3. 你可以提供一個滿滿的大平台給他？舞台？機會？

4. 是否有金錢報酬？

5. 純粹的共鳴和感動

1. 想跟你當朋友，跟你互動？

當你略有知名度，或者你的讀者想讓你知道他的存在，便會拚命在每一則貼文下方留言。最常見的範例就是偶像明星的粉絲團貼文留言外加分享。

觀眾透過作品認識他們，產生熟悉感，渴望被記住，即便是外人看似無聊到極致的內容，也還是會有分享。

台灣可以觀察藝人吳宗憲的臉書發文。不只是各大偶像藝人，通告咖、路人粉絲都喜歡刷存在感。歐美的小賈斯汀、泰勒絲及日本的渡邊直美都有類似的效應。

2. 希望可以互相回饋？互惠？

「您好～請問貴粉專能互宣嗎？」這是我常收到的私訊內容。

傳訊人通常是另一個粉絲團的管理員，他們的粉絲團性質可能跟你的有點類似，因此希望透過互相分享的方式提升彼此的粉絲團人數。

通常，我不太喜歡做這類型分享，因為僅分享一、兩次效果不大，若真要做到互相回饋、互利互惠，必須拉長戰線，長期合作才會有效果。

3. 你可以提供一個滿滿的大平台給他？舞台？機會？

有些雜誌、網路媒體，由於品牌知名度夠，因此有些部落客會樂意魚幫水、水幫魚的免費提供內容得到曝光的機會。

絕大多數網路寫手都是靠滿腔熱血在支撐下去的，因為這樣的合作多半是沒有稿酬，但可評估看看你想要的是什麼，如果可以從中得到舞台、曝光機會，合作就有意義。

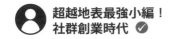
　　所有事情都不是一、兩次就能見效，奇蹟來自於長久的累積，若真的想要靠一個網路平台，立刻被看到的機會實在沒有想像中那麼容易。

4. 是否有金錢報酬？

　　有錢能使鬼推磨，這句經典語錄不需多做描述。有些社群經營者會收取費用，進而決定是否進行分享。

　　我認為收費分享是應該的，畢竟那也是一種來自廠商的肯定。

　　但有所為有所不為，分享內容收費，在每個經營者心中都有一把尺。到底是不是真心推薦，廠商和消費者的標準不一樣。

　　以我自己為例，我曾不只一次在粉絲團表示，不接金融商品、保險、直銷類型的廣告，因為我的讀者年紀介於 18 ～ 25 歲之間，我不希望他們在我的粉絲團得到那樣的資訊。

　　金錢報酬多寡取決於你的人氣有多高，就好像頂級一線如周杰倫、蔡依林的代言價碼，跟一般明星的代言價碼是不能相提並論的。

　　對廠商來說，他們要的是轉換率、曝光度，只要數據好，分享的內容品質就是「好」。

　　對消費者來說，衣服是否美麗，多半是個人主觀。食物好不好

吃，要看你自己的口味。你不喜歡不代表其他人不喜歡，就好像周杰倫明明自己開超跑卻又代言機車，感覺落差很大，可是那又有什麼關係？只要廠商願意、粉絲買單那就可以了。

5. 純粹的共鳴和感動

經典案例是大陸知名的小鮮肉團體 TF BOYS，在還沒紅的時候，曾在兒童節前夕發佈一部「幫團員找媽媽」的影片，影片中 TF BOYS 的主唱把五月天阿信寫給楊宗緯的情歌《洋蔥》唱成了千里尋母的版本。

這段影片引發了許多人感動和共鳴，並獲得許多媒體報導，五月天阿信也在臉書上轉發片。

這就是純粹共鳴的感動，但這樣的機會可遇不可求，感動是難以複製的。那麼，到底該怎麼製作比較有可能被高度分享的內容呢？不妨參考下述三種整理。

（1）不知道卻又認同的事

新聞類粉絲團貼文，多半是抱持人有分享新知的天性，展現自己訊息流通比其他人來得快速，又或者使用者想表達他對時事的看法，因此會主動按讚或分享這類型的貼文。

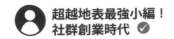

（2）整合過的圖文內容

《16個好友必備特質》《經理人不可不知的三種管理方式》《秋冬必備三種單品》懶人包，這類經過整合的資訊，讀者不見得會把全文讀完，但看到標題會產生一種按讚後就可以吸收新知，分享後展示優越感的感覺。

（3）5 秒就能搞懂的哏

想在 5 秒內勾起使用者興趣，通常不需要太多訴求。造就高分享數的圖文往往是一圖、一句話的方式、**對比式圖文、使用前＆使用後的圖片差異**，而非一部漫畫、一篇小說，使用者不需要讀完全部內容，就可以有反應的內容，分享數往往也會比較高。

5 秒鐘能搞懂的哏

過年前　　　　　過年後

9 張圖瞭解「#」到底有何用途？如何活用？

「#」Hashtag 主題標籤最近已成為顯學，尤其在臉書、Instagram，很多貼文裡都會出現主題標籤，國內外更有許多網紅喜歡在貼文下方標記一長串主題標籤。

有些網路行銷人把這件事當作萬靈丹，只要加註了主題標籤，就能提升觸及率和曝光度。前陣子我收到某行銷公司發送的電子報，告訴大家 Hashtag「#」主題標籤可以讓臉書活動分享效果翻倍。

就我自己的使用經驗來說，Hashtag 並沒有那麼神奇，尤其是在臉書更不會讓你的活動效果分享翻倍。那只是行銷公司的誇飾，但「#」主題標籤的確很重要，想要玩得通透，請參考本文。

Hashtag「#」主題標籤有什麼用？

主題標籤有兩個主要功能：第一是分類，第二是話題。

分類是指，可以將同類型貼文取一個代號，比如：# 冒牌生社群診療室 # 冒牌生看電影 # 冒牌生美食地圖 # 冒牌生愛旅行……將貼文分類，讓自己更快找到想要的內容。

#Hashtag 可自行設定主題標籤，將自己上傳的內容分類，使其更好搜尋。

常看到很多人在貼文下方放置一系列主題標籤希望增加曝光

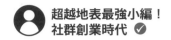

率。例如在美食照下方加註：＃美食＃餐廳＃好吃＃台北＃台灣＃食物＃咖哩飯＃朋友聚餐……

冒牌生 Hashtag

這是希望有共同喜好的網友，會因為好奇別人都在怎麼談論這個話題，進而閱讀更多內容。

以台灣的 #Hashtag 為例，這裡的內容就像共同創作的話題，每張照片都是由不同人上傳，依照時間排序，而照片就是他們所表達的台灣。

Hashtag「#」真的會增加曝光嗎？

Hashtag「#」有可能會增加曝光，但效果非常有限。尤其在臉書上幾乎無效，因為臉書動態時報演算法的關係，主題標籤的排序雜亂無章，並不是依照時間、熱門程度來制定排序，因此就算你使用了主題標籤，也不見得會被看到。

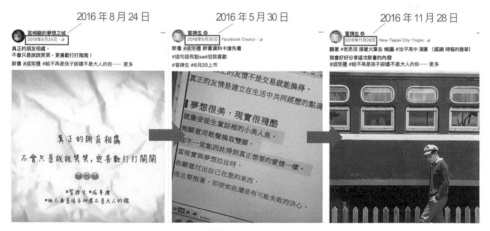

圖中發佈時間（紅字）沒有邏輯，不是依照時間或熱門程度排序。

Hashtag「#」在 Instagram 上就比較有機會了，這是因為 Instagram 會把主題標籤分成兩大類。最上面的九張圖會依照近期熱門程度來排序，下方的照片則是依照時間依次排序。

IG 的 Hashtag

　　以我的書《成年禮》的 Hashtag 為例，我被排在 Instagram 熱門排序的位置。

　　大者恆大，若你的貼文有一定比例的按讚數，在 Instagram 上更有機會曝光。但這也取決於你制定的主題標籤夠不夠熱門，若太過冷門的主題標籤，就代表該話題參與討論的人數不多，貼文被看到的機率也不高。

Hashtag「#」主題標籤制定時該注意什麼?

主題標籤是藍色的,因此很多人會把主題標籤作為語氣的強調,表達一種個人發文特色。

但當我在制定主題標籤時,會比較喜歡雙管齊下,設定較常見的主題之外,也會自製自己的主題標籤作為分類用。

熱門話題類型標記:#語錄 #新書 #日期

個人區隔標記:#冒牌生 #正式出版

至於確認是否熱門的方式,在 Instagram 中,點選主題標籤時,右側會有發文數量,發文數量越多,越有機會被看到。像是目前最熱門的主題標記就是 **ootd 意思是指今日穿搭,這個標記甚至連 Instagram 官方都拿來推廣自家的拼圖 APP 一Layout**。Hashtag 下方有話題發文數量,最上方的視覺位置黃金版位被 Instagram 官方用來宣傳自家拼圖 APP。

最後,再分享制定主題標籤時的秘訣──必須要有聯想力,比如若你今天在台北吃了某家餐廳,主題標籤就可以從餐廳名稱、餐點名稱,再到餐廳地點,再下一些美食常見的主題標籤,如美食、好吃、好胖、聚餐、朋友聚餐,甚至連表情符號都可以成為主題標籤,你必須先理解「Hashtag #」到底有何意義,才能正確活用。

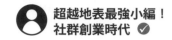

超越地表最強小編！
社群創業時代 ✓

　　備註：從 2017 年開始，Instagram 還推出「追蹤主題標籤」的
服務。無論你的興趣是 # 旅行 # 運動 # 穿搭 # 時尚 # 精品 # 美食，
你都可以追蹤這些標籤，不限定人物，更進一步探索和發現你感興
趣的事物。

Hashtag 表情符號

🔍 **HINT**

看似簡單的 Hashtag，其實要正確活用還是有技巧的，只需要簡單記住以
下兩點：
1. 分類自己同類型的文章，方便尋找。
2. 使用同性質的熱門標籤。
3. 一則 Instagram 貼文最多可使用 30 個 Hashtag，如果超過 30 個標籤，
　 將無法發佈貼文。

Lesson 3　轉換商機

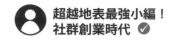

做粉絲團真的
有意義嗎？

前文 Lesson 2「企業主經營社群的三大迷思」已有著墨社群經營的重要及傳統產業經營社群的注意事項，以下接著討論傳產的粉絲團經營。

我曾接受過「中衛」和「工業局」的邀約，到台中世貿還有土城工業區分享臉書、Instagram、LINE@ 等 20／30 世代常用的社群、通訊軟體的經營經驗。

現場來聽演講的對象可細分為兩大種：紡織、食品、生活用品類型的企業主，以及工業類型的企業主，如：生產板金、螺帽……等。

對他們來說，訂單收入來源其來有自，不是透過臉書，也不太需要面對普羅大眾。簡而言之，他們的經營方式是比較傳統的貿易形式，找業務、找經銷、公司對公司、買多賣多。

雖然傳統，但自有其效果，也撐起了台灣經濟半邊天。這些長輩對於年輕世代在做的網路行銷及粉絲團經營的認知不同，簡直是兩個世界的人。

「你在電腦敲敲打打，到底在做些什麼？」

「又不知道有沒有賺錢？」

這些都是我常常聽到的話，可是最近社群網路滲透率太高，大家已經對臉書、粉絲團、社群經營，這些名詞有所認識，因此不管今天的產業類別為何，大家都想開個臉書粉絲團，都期待自己的粉絲團能有一些同好來按讚。

可惜的是，分享傳統產業臉書粉絲團經營方向的文章並不多，如果你是傳統產業小編，可以參考以下作法。

也許不用每天更新，但一定要有聯絡方式

許多媒體或內容型態的網站需要一天更新十幾、二十則內容，但傳統產業的粉絲團經營方向與需要透過臉書導流的粉絲團不同，內容不需要多，需要做到每篇貼文都符合自家公司想要傳遞的價值和形象。

主要分享的當然是產品內容、特色，分享公司服務類別之餘，偶爾來一下員工旅遊的照片等，這些都是適合發佈的內容，但請一

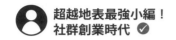
定要把業務聯繫方式、公司網站、信箱等通訊相關的資訊在「關於」的欄位列清楚，讓真的有需求的客戶可以透過臉書，快速聯繫到你。

也許不用花很多錢做內容，但門面設計很重要

丹麥哥本哈根的海運公司 Maersk Group 成立於 1904 年，現在發展為造船、石油、天然氣、航空、製造業的集團，全球有 12 萬名員工。

從 2011 年開始經營臉書粉絲團至今，已經有近 250 萬的按讚數。海運產業並不是一個大眾會感興趣的議題，相較於星巴克、可口可樂……等需要面對廣大群眾的產業，海運談到的是工業，並不是一般人隨手可得的事情，距離似乎比較遙遠。

Maersk Group 的做法是，派攝影師到世界各地採集他們的影像，打造一個充滿工業感和大航海時代的氛圍。透過記錄員工們的工作日常，反映工業與生活息息相關，以及公司的領先技術，成功吸引了 250 萬人按讚。

用專業的攝影手法，把 Maersk Group 的粉絲團經營作為成功的公司形象包裝，這種做法耗時又耗財，一年沒有百來萬的預算是做不到的。因此，這並非一般社會大眾，尤其台灣的傳統產業業者

可以接受的方式。

　　一般的傳統產業業者，可以接受電視節目冠名贊助，或花錢買高鐵、捷運廣告，但卻不會願意花一樣的成本經營臉書粉絲團。

　　即便沒辦法花大錢做社群經營，但絕對要花點小錢做門面。也就是說，針對公司的特性設計粉絲團封面照，讓客戶或有需要的人搜尋時可以一目了然地理解公司理念和服務特色。

　　傳統產業的臉書粉絲團封面照設計，不見得需要求新求變，但絕對要做到歷久彌新。

　　另一個例子是位於美國加州的英邁公司，他們是全球最大的技術產品和供應鏈服務供應商，全世界有 70 個流通中心，可以向美國、歐洲、拉丁美洲及亞太地區提供產品和服務。

　　這家公司的粉絲團人數並不多，大約在一萬人以內，但他們曾因出色的臉書封面照設計，獲得行銷業界讚賞，贏得 Blue Ocean Market Intelligence 的「Fortune 100 Social Effectiveneess Index」獎項。點評人認為，雖然這家公司粉絲團人數不多，但封面照片清楚明瞭列出公司負責項目，讓不清楚的觀眾也能一目了然。

你有沒有回應客戶，比有沒有客戶看你的文章更重要

B2B 公司在製作粉絲團時，會在意有沒有人在看，可是，實際

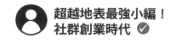
上，對於絕大多數 B2B 用戶來說，經營內容需要投入的時間和成本太大，不見得符合企業主考量的效益。

因此，傳統產業的觀念需要改變。粉絲團的存在是宣揚自己的好，但另一個更重要的目的是讓客戶們知道，我們的公司在網路、數位世代並沒有缺席。

在無法投入大量人力和資源製作內容的狀況下，內容就不應該是最重要的指標，互動才是。互動是指當客戶私訊或留言時，公司是否能即時回覆，讓潛在顧客得到想要的資訊。

畢竟絕大多數的傳統產業，並不是面對消費者，產業動態、知識比較生硬、枯燥，並不適合用臉書傳遞，僅在意自己的文章有多少人看過，只會事倍功半，把經營社群的小編搞得焦頭爛額。

經營臉書、分享資訊，應該是件快樂和有趣的事情，能不能賺錢是另一種思維。

傳統產業雖然也會想透過網路獲得客源和訂單，但就像以前開發客戶、搶業績的狀態一樣，付出再多努力也不一定有收穫；但不願意付出、不願意努力，一切絕對免談。

因此，先做好上述三項基本設定和觀念矯正，再來考慮未來是否能透過臉書粉絲團賺錢吧。

Q **HINT**

每種產業都有不同的社群經營方式，大家必須適度調整觀念，先瞭解自己的需求與產業類別，才能有效達到社群效益。

網路紅人靠什麼賺錢？

網路紅人還能靠什麼賺錢呢？希望藉此文章促進更多人對網路、社群產生的職業能有更深入瞭解。

自創品牌

網路紅人分成許多領域，我自己是寫作、旅行拍照、社群經營為主，後來得到出書機會，後續也開設行銷公司替有心經營社群的客戶服務。也有許多網路紅人的專長在於服裝搭配、時尚、美妝領域，進而開設自己專屬的潮牌、服飾配件（包包、鞋子）等。

其中最著名的就是義大利時尚部落客 Chiara Ferragni 創立的品牌「睜一隻眼，閉一隻眼」的特殊設計鞋款、潮 T、甚至 iPhone 手機殼都熱賣，就連台灣夜市都能到處看到仿冒品。也讓她的年收入突破 7 百萬歐元（合台幣約 2.3 億）。

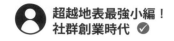

廣告代言

美國知名時尚實境秀 Project Runway 主持人海蒂克隆有句經典名言 "In fashion, one day you're in. And the next day, you're out. " 這句話也可以套用在網紅的生態。由於推陳出新的速度超乎想像的快，能夠留下來的、做得長久的，都有自己的獨到之處，並且勤於更新，代表某個族群的聲音。

比如說愛健身的一休、愛台灣愛拍搞笑影片的蔡阿嘎、中學生女神紀卜心、還有善用短秒數影片記錄生活，不怕扮醜自嘲的江佩諭都是箇中翹楚，不管你喜不喜歡，正因為那些高追蹤數和高人氣，讓他們足以得到品牌合作，拍影片、拍照、活動出席等相關的合作。

電商分潤

有一種網紅很擅長銷售，而且賣的都是高單價產品，比如說前陣子登上媒體版面的 486 先生，報導內容提到，每三台掃地機器人就有一台是他賣的，透過試用體驗跟廠商洽談分潤，以一己之力大勝百家經銷商，獲得業績破億的好成績。

這是一種近期常見的獲利方式，但根據我自身經驗，透過單一管道，同一位網紅宣傳同樣的產品，銷售效果會遞減，第一次效果

最好，若要持續維持銷量和穩定的分潤金額，對網紅和客戶都是考驗。

演講顧問

中國大陸「羅輯思維」是演講領域的佼佼者，透過每天一則60 秒的微信語音，外加每週一則一鏡到底的網路影片討論深度議題，累積超過 660 萬讀者，其中 5,000 名普通會員需要付年費 200元人民幣，死忠會員需付年費 1,200 元人民幣（限 500 名）。2016年跨年，他在北京「水立方」舉辦跨年演講，造成轟動。

其實，當你有特殊人生體驗，又或者在專業領域被信賴，就有機會獲邀演講或企業顧問。不提「羅輯思維」這個極特殊的案例，台灣網紅一場 2 小時演講價碼也可以達到 2、3 萬，只是演講收入不穩定，每個月演講數量取決於他人邀約的狀況，且每場價碼金額也不盡相同，一場講完不知道下一場在哪裡。

相較於此，企業顧問的收入較為穩定，價格取決於你的專業性和時間配合度，不過這份收入的專業素養必須更強，畢竟顧問性質的工作，需要人與人之間接觸的時間更長，光說不練很容易被看破手腳。

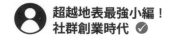
線上直播

線上直播也是收入來源，目前據我所知，真的有從收視用戶身上賺到錢的線上直播主，是源自於對岸的 RC 直播、YY 直播，其他台灣直播平台如 Livehouse、麥卡貝等，直播主收入比較偏向主持費，直接由收視觀眾身上得到的回饋還不多見。頂級台灣直播主從 RC、YY 直播做到單月收入破 10 萬不成問題，也有頂級直播主做了一年半載已付清房子頭期款。

根據《中時電子報》報導，有位大陸直播主，雖沒有特別帥氣的外表，但有個人特色，擅長在鏡頭前說書，情緒拿捏到位，表現力強，每場直播在線人數為 5 萬至 10 萬人，月收入百萬元以上。

可是，這樣的人畢竟是少數，也千萬不要認為線上直播工作很好賺，事實上，他們的工時比想像中長，一週必須至少播 4 ～ 5 天，每天播出 2 個小時，有上網有互動還不一定會有收入，不一定會有收入，不一定會有收入！（很重要所以說三次）

網紅的收入看似動輒上千萬，但我不是在盲目鼓吹你加入「網紅」的行列，很多網紅在一開始經營之前都必須無條件付出，畢竟誰也不曉得自己何時有機會被看到，誰也不能確保投資的時間是否能得到實際金額回報，只能再三嘗試，邊試邊學，一再改進。

想要當網紅並沒有那麼容易，很多人靠著網路名利雙收，但卻有更多人成為網路上的泡沫卻不為人知。

> **Q** 〔HINT〕
>
> 每個行業都必須做到頂尖，再加上一點運氣才有機會被錢追著跑，而每個行業也都有必須付出的心酸和代價，如果你只是看到別人已經得到的，卻沒看到他們所付出的，成為網紅就只是一個永遠達不成的夢而已。

發文前要注意的五大關鍵

社群網路興起後，產生了一個全新的職業——社群小編。前陣子看過一篇討論社群小編工作的文章，標題一語道破：小編必須十項全能，還要兼業務；也提到這個全新職業的薪資狀況，平均月薪落在 3 萬 3 上下，只有 2.3％的人月薪落在 4.5 萬～ 4.8 萬之間。其實任何工作都一樣，必須做到頂尖，薪水才會提升。

若你身為小編或自行經營社群平台，應該都有思考過，為何有些人的貼文總是一呼百應，但有些卻乏人問津？摒除臉書捉摸不定的演算法，有五件事，是我們在發文前常常忽略的。

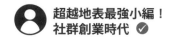
關鍵 1：你是否至少讓一位目標客群看過文章？

撰寫內容時，最怕的就是嘔心瀝血產出文章後卻沒人看得懂。撰寫貼文時，用詞可以幽默風趣，但笑話不能只有自己看得懂；遣詞用句可以文情並茂，但切勿活在自己的世界裡；所以很多時候小編們不能把讀者當作熟識你的朋友，講一些只有自己才懂的哏。

尤其是中小企業、個人品牌在經營時很容易犯這種錯誤。我曾看過某五金工廠的粉絲團總是發自己辦公室內部的小植栽，還有路邊小花小草的文。然後，他的客戶私訊告訴我：「為什麼這家工廠的粉絲團只有小花小草，而我想知道的報價，還有其他內容全部都沒看到？」

這個範例聽起來荒謬，但卻是我們很多人常常忽略的。撰寫臉書貼文時，不能只發自己想發的，忽略目標客群要知道的內容。為了避免發生這種狀況，發文前可以先讓一個目標客群看過，當他能夠瞭解你發這篇文章的目的時，犯錯的機率也會比較小。

關鍵 2：你是否將重要資訊放在前 5 行？

臉書會將文字內容放在前 5 行（按 5 次 Enter／斷行的意思），超過 5 行的內容，必須點選「更多」才會看到完整的貼文。

一般大眾在臉書上閱讀時，除非有特殊目的，如想抽獎或參與

活動、渴望融入的需求，不然很少會將文章點開來看。通常只會直接滑過，所以若想讓傳遞的訊息被看到，可以試著將想傳遞的重點放在前 5 行，或者在前 5 行做預告，吸引更多人看完全文，達到宣傳效果。

關鍵 3：你是否選擇明亮、有焦點的圖片？

選擇照片是一門學問，有些文青喜歡選擇有 fu 的照片，表達憂鬱、深度，但真正的深度不是幾張故作憂鬱的照片就能傳遞出去的。如果你不是心靈小語類的作家（笑），而是需要推薦產品的店家，更不適合發太多鬱悶照片，最好散播歡笑傳播愛，而那些熱門的美食、穿搭照，大多會以素色為底，更容易突顯照片要表達的主題和產品，不要讓背景喧賓奪主，後製修圖也比較不容易出包。

關鍵 4：你有沒有用手機看過要發的圖文？

在臉書提供的廣告數據裡，絕大部分的閱讀人數都是在行動裝置上產生的，超過一半的比例來自於手機，因此，無論是圖片設計或文字鋪排，上傳前都必須用手機先看過，符合行動版的設計需求，而不是只有在桌機筆電上，透過大螢幕觀看。

很多設計人，還是習慣用大螢幕的視覺思考，希望把文字調得

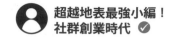
很小，或者有些小編會直接把 A4 的紙本設計放到臉書上，卻忽略在行動載具（手機）上的呈現和編排方式，必須因應小螢幕的閱讀習慣而調整。

因此在正式發文前，最好自己先用手機看過，用手機閱讀時的內容必須清晰可見，才不會在最後發文後功虧一簣。

關鍵 5：你是否可以分享自己的社團或平台？

我們都希望自己的貼文被更多人看到，但在找不到社群引爆點的時候，爆紅只是一種奢求，在奇蹟發生之前，我們必須自己努力，不只是默默低頭寫文，也必須替自己找到曝光。

如果你今天寫了一篇關於介紹台東美食美景旅行的文章，就應該去尋找適合分享的台東社團、旅行社團、美食社團，替自己的內容找到宣傳管道，才有可能增加被看到的機會。

順帶一提，在別人的社團推廣自己內容時，也要注意別人社團的發文準則，避免成為不受歡迎的人物。

臉書發文是一門學問，每次發文就是一次被看到的機會，應該好好把握發文的內容，把握這五項發文關鍵，多少有助於你臉書粉絲團的發文，在沒有預算投放廣告的情況下，被更多人看到，達到宣傳目的。

把你的社群當作名片,而不是 DM

有次在資策會演講,提到社群經營的操作分享,當課程中分享到星巴克、五月天等品牌力強、知名度高的粉絲團時,台下聽眾總會在提問時間議論:「哎呀,那是因為他們有品牌,可是我們沒有,那麼到底該怎麼做呢?」

為什麼有的粉絲團沒人看?

這個問題常常出現,對於尚沒有高知名度的品牌來說,首先必須確認經營社群的目的到底是什麼?

中小企業社群經常充斥著以下兩種內容:宣揚自家產品的自嗨文案、轉發其他新聞媒體提供的資訊。這些雜亂文章的內容只有一個人覺得精彩——就是你的老闆。也因為如此,他常常不明白,為什麼公司粉絲團乏人問津。

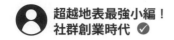

社群貼文的兩種差別

其實，中小企業在建立品牌和讀者認知的過程，常會誤把社群的貼文變成一張 DM，而不是名片。這兩種有何差異？

簡單來說，這兩種傳遞資訊的方式不一樣。試想，你對待這兩種資訊的態度為何？

一般來說，我們接到名片時會比較認真對待，尤其若在會議上，你會雙手接過，並且花個一到兩分鐘，詳讀上面的資訊，那些文字內容並不多，卻意簡言賅，有姓名、地址、電話，或者其他聯繫方式，就算現在沒有需要，但至少在有需要時，可以透過名片找到解決問題的人。

可是，當我們接到 DM 時，感覺是不一樣的。若在開會時間收到，就算印有滿滿的產品說明，真能從頭讀到尾的人並不多，頂多前後翻閱，然後放置一邊當作備用資訊。更別提街頭隨手拿到的 DM 了，基本上就是左手進右手出，大多數 DM 的最後歸宿都是便利商店的垃圾桶。

品牌社群經營方式不同於內容網站經營。不用總是拋出新知、新訊，也不必相隔 40 幾分鐘就丟文章拋新聞，更重要的是建立形象，傳遞理念，把每一則貼文當作名片好好對待。

　　品牌、企業發文，一天最多 2 ～ 3 則，在貼文下方可加註一行字：「若有任何相關問題，歡迎私訊。」透過這樣的方式，跟消費者溝通，找到潛在消費客群，把留下來的粉絲當作二次行銷的對象。

圖片的力量

　　另外，在一張圖勝過千言萬語的年代，圖片傳遞的力量遠大於文字效果。有個瑞典手錶品牌，在經營社群前知名度並不高，但這幾年經營社群有成，從默默無聞，經過社群的影響力，慢慢擴散到全球。

　　該品牌在 Instagram 傳遞有質感、有品味的生活，沒有寫太多文字，但天天發送 2 ～ 3 張網友拍攝的產品照片，品牌定位清楚明瞭，透過照片說故事。一系列照片看下來風格一致，不會太過突兀。因此，他們的成長數度也急速上升，一年前不到百萬，今年已經超過 400 萬人追蹤！

　　想讓粉絲的目光對你的內容多停留片刻，就要多問問自己能夠給你的消費者什麼，而不是從他們身上得到什麼。是什麼價值觀能夠讓他們在忙碌、煩悶的生活中對你提供的內容駐足片刻？那就是你的社群品牌定位。

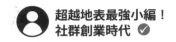
先做好自己的定位，再做到淋漓盡致

全球知名提神飲料品牌《紅牛》（Red Bull）曾被德國知名統計公司 Statista 評選為最有價值的飲料品牌第三名，僅次於可口可樂和百事可樂兩大飲料品牌，能獲得如此優異的好成績，紅牛出色的社群操作、內容經營都功不可沒。

談到社群經營，絕大部分的台灣企業主會直覺思考「臉書發文」「粉絲團經營」或開個 Instagram、LINE 官方帳號、貼圖、生活圈等事宜，但社群經營其實是一種品牌定位，透過內容經營加深消費者印象。

社群不是只在臉書寫寫貼文，更重要的是，如何讓其他人聯想、討論你的產品。對照紅牛的作法，他們先決定品牌定位再專注發展，讓消費者產生印象。

首先，他們將自身品牌訴求定位在極限運動的傳播者，從廣告標題到企業贊助乃至於社群經營，全都鎖定在同樣的主題——「給你一對翅膀」。

久而久之，當每個人都對「Red Bull 給你一對翅膀」的印象根深柢固後，開花結果的機會便接踵而來。

它們也曾在日本千葉舉辦「紅牛特技飛行錦標賽」，其中更有

日本玩具公司以紅牛為創意藍本，推出一系列小飛機、罐裝變形飛機等玩具。這一系列作品發佈後，透過社群網站的擴散，有人討論才是社群最關鍵的一環。

用影片取代貼文，粉絲團 4 千多萬人按讚

紅牛的臉書粉絲團採用全球統一管理，目前已有 4 千多萬人按讚。操作上也維持品牌定調，發佈與極限運動相關的影片為主。

雖然粉絲團的中文相關影音內容，按讚和曝光有限，這可能跟華人地區對極限運動的著迷程度不如歐美熱烈有關，但若是 Red Bull 粉絲團的英文版極限運動影片，曝光數動輒數十萬人，甚至可達幾百萬人。就算英文不好，也可以很清楚看得出來，紅牛所走的極限運動路線。舉凡花式滑板、飛行傘、賽車，你可以在各種場合看到紅牛的身影。

異業合作，贊助極限運動比賽

真正的社群，要思考主題性，因此紅牛除了發極限運動的影片，也繼續朝同一個方向進行，比如成立 Red Bull TV，內容包括各類型紅牛贊助的極限運動比賽、直播、戶外運動等相關紀錄片。

近期更是鐵了心做影片和極限運動，找了運動攝影機 GoPro 合

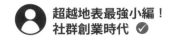
作，讓 GoPro 成為紅牛獨家運動相機提供商，換取 GoPro 的部分股權，且共享合作製作的媒體內容版權，每天在雙方的平台一同曝光，進一步提升該品牌在此領域的影響力。

Red Bull 連續舉辦過幾次「Red Bull—You can make it」挑戰，徵召全球大學生，挑戰沒有旅費、只用紅牛飲料當作貨幣來跟別人交換、橫跨歐洲大陸的冒險活動，募集到 165 支學生隊伍，超過 50 個國家，展開為期 7 天的冒險。最終三個來自愛沙尼亞的男大生奪冠，並獲得由旅行社贊助的旅行大獎。

大公司和小公司的規模不一，能夠玩的主題也不一樣。提神飲料紅牛把品牌設定為極限運動相關，提供各項極限運動賽事，給你一雙翅膀玩轉所有的哏，將一件事情做得精彩，乃至於到最後才能找到精準的群眾，做多重溝通。

這樣的內容經營方式值得台灣企業主思考，似乎比什麼都想要做一點，卻什麼卻都做得不好，最後落得雷聲大雨點小來得更有意義。

哈根達斯沒說的秘密：不靠臉書還能怎麼玩社群？

對你來說什麼是社群？這是我在每一場社群經營課程中都會詢問學員的問題，他們大多都會回答下列幾個關鍵字：臉書、粉絲團、

部落格、Instagram、Twitter、Pinterest、Snapchat、Tumblr 等各式各樣的社群平台。

這些答案沒有不對，但社群不只是網路平台。

真正的社群到底是什麼？有句話說：有人的地方就有江湖；社群也適用這個道理，**有人有網路的地方就有社群。**

經營社群絕對不是搞定臉書就好，而是透過內容行銷，經營一種生活態度，成為該領域意見領袖提升使用者「心占率」。

世界知名冰淇淋品牌「哈根達斯」替所有品牌做了一個最好的示範，近期更是動作頻頻多管齊下，將精緻、高端的產品特色放大到極致。

會員互動不是只在網路

萬人響應不如一人到場，「哈根達斯」深知這個道理，因此除了主力冰淇淋商品外，更在全球開設 900 多家店面，營造輕鬆、悠閒、舒適的小資情調，用精緻、用心、雅緻的高檔咖啡店直接讓消費者體驗「哈根達斯」獨有的品牌價值，並刻意選擇五星級飯店、電影院、餐廳、購物中心等通路，滿足追求時尚的年輕族群對優質生活的想像，結合線上和線下的經營方式，讓品牌成為一種現象。

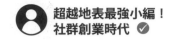
鎖定客群，將品牌提升為情感的體驗

隨著社會發展，人們變得富裕，滿足基本溫飽需求後，便更注重精神層面需求，「哈根達斯」一開始就做了精準的品牌定位，鎖定追求時尚，想要高品質、高價位的客群。他們傳遞一種品牌文化和價值觀：愛自己、愛家人、愛朋友、一起分享這種美妙生活吧。

這樣的傳遞模式必須透過多重管道接觸到消費者，從以前郵購、雜誌，到後來電視廣告、時尚 Party，再到現在的社群網路，透過臉書、Instagram 等各式社群媒體輔助，讓高端品牌形象深入人心。

傳遞內容，貼標籤設定獨特形象

社群經營不是只有臉書就好，更重要的是內容傳遞，哈根達斯最成功的地方就是替自己貼上了愛情的標籤，吸引戀人眼球。

原本，冰品的銷售旺季是夏天，但現在哈根達斯進行一系列的內容操作，把店面設計得濃情蜜意，推出冰淇淋火鍋，邀請來消費的情人拍照合影，加深品牌的「濃情」印象。

「愛她就帶她去哈根達斯，就算不能去哈根達斯，也可以去高檔超市買一杯寵愛自己。」真愛就是一年 365 天都是情人節，「哈

根達斯」把自己變成像玫瑰花、巧克力一樣的東西，成為情人節傳遞心意的最佳符號。

　　社群的存在，可以幫助品牌留住核心顧客並且贏得新的消費者，為此「哈根達斯」做足了功夫，不只利用網路社群，更透過實體社群如開店，並在店面展開實體活動跟閱讀群眾產生強連結，創造有愛有趣有感的內容，進而產生分享，讓消費者不只是在網路中，才能將產品效益最大化，品牌曝光極致化。

星巴克虛實整合，帶動業績長紅的三大關鍵

　　1997 年開始，星巴克每年 11 月固定推出「期間限定」紅色紙杯，至今 18 年過去，儼然成為星巴克傳統，而這項看似勞師動眾的舉動之所以能延續，就是因為「紅色紙杯」每年都替星巴克賺進大把鈔票。

　　據中國媒體《第一財經周刊》報導，星巴克 2014 年第四季財報銷售額上升 13％到 48 億美金，相較於 2015 年首季少了紅紙杯加持，營業額卻整整少了 2 億美金。

　　尤其社群網站興起後，拍照打卡上傳變成習慣，跟隨流行的人掏錢買單不再是為了咖啡本身，而是為了炫耀自己手上的紅杯子。

　　不過，星巴克究竟如何透過一個看似平凡的「紅杯子」整合虛

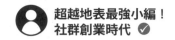

擬社群，進而帶動實體產品銷售讓業績長紅呢？主要的三個關鍵如下：

關鍵 1：全球統一上架

隨著星巴克遍佈全球，已不再只是一個簡單的咖啡品牌，更代表著一種生活態度，為了徹底發揮這項優勢，星巴克把「紅色紙杯」活動推向全球，確保各地消費者能在同一個時間點取得，加強星巴克消費者的情感連結。

星巴克接著透過密集的門市銷售管道，還有良好的品牌形象，不管你本來是不是它的重度粉絲，又或者只是通勤買杯咖啡的都會上班族、偶爾嚐鮮的學生族群，每年 11 月開始，只要購買星巴克咖啡，都會自動成為星巴克最新行動廣告。

「用產品幫產品說話，用廣大消費者替品牌背書」，是最好的行銷策略。

關鍵 2：搭配多款新飲品上市

改變產品包裝不是什麼新鮮事，可口可樂也常在瓶身上印製五花八門的特殊暱稱，麥當勞也總是定時推出新口味漢堡，追根究底目的和「星巴克紅杯子」一樣，都是在創造新的消費體驗，保持顧

客黏著度。

　　但星巴克又比可口可樂、麥當勞更加精打細算，由於看好耶誕節假期的銷售旺季，為確保更漂亮的財報數字，整體策略更全面，就是「消費、消費、再消費」。

　　隨著紅色紙杯上市，星巴克也會搭配期間限定的特殊口味咖啡「太妃核果風味那堤」「蔓越莓白摩卡」。其實這兩種咖啡說穿了並沒什麼特別，就是加了大量特殊糖漿、奶油還有細碎堅果或水果粒，但因為掛上「期間限定」四個字，單價往往是最高的。

　　透過喜氣洋洋的紅杯子外包裝，搭配最貴的期間限定飲料，讓消費者更容易買單。

關鍵 3：製定社群網站的配套策略

　　2017 年，星巴克為期間限定的紅杯子在 Instagram 舉辦了為期三天的「紅杯子創作大賽」，只要以星巴克紅杯子為主題，拍照上傳 Instagram 同時標記 #RedCups 即可完成參賽，贏得比賽的人可以獲得限量版的純銀會員卡。

　　在此同時，星巴克也在擁有 650 萬名追蹤者的官方 Instagram 帳號上推波助瀾，轉發粉絲們自發性的創作內容，幫助公司更快炒熱話題，讓紅杯子迅速走紅，提升實體銷量。

　　最近表情符號當紅，平均每年發送超過 5 千多億次，一個簡單的小符號勝過千言萬語，今年星巴克也迅速抓住這股風潮，並結合 Twitter，讓使用者只要輸入 #RedCups 就會出現紅杯子圖示。

　　一個小小的紅杯子是提升星巴克年終銷售的大功臣，今年星巴克將杯身設計為極簡風，紅色杯身除了品牌 Logo 什麼都沒有，目的是想讓顧客 DIY，用更開放的方式傳遞聖誕氣氛，沒想到卻引起爭議，美國傳教士福爾斯坦認為，星巴克刻意把往年的聖誕樹圖樣拿掉，是因為憎恨耶穌。

　　福爾斯坦還在臉書呼籲基督徒，透過臉書發文並且標籤 # MerryChristmasStarbucks 表達不滿，影片貼出一週後就超過 1600 萬人點擊，18 萬個讚、51 萬人分享，他還建議民眾到星巴克消費時自稱「Merry Christmas」，逼店員開口說「聖誕快樂」，星巴克全球創意副總裁 Jeffrey Fields 也對媒體否認「設計沒不尊重耶穌」。

　　其實，真有這麼嚴重嗎？

　　「星巴克紅杯子」本質就像是「百貨公司週年慶」、7 － 11 前陣子的「聶永真限定設計款 CITY CAFE」，本質上都只是在吸引消費，讓人更心甘情願掏腰包，於是有些人自得其樂在杯子上面做花樣拍照上傳打卡，也有人製造對立，號召基督徒到星巴克消費自稱「Merry Christmas」，逼店員開口說「聖誕快樂」。

　　但仔細想想，不管哪種表達方式都涵蓋消費行為，從虛擬社群帶動實體銷售，用錢讓紅杯子下架，轉化為財報的亮眼銷售數據——無論如何，星巴克都是最終贏家，不是嗎?!

想用電商賺錢？先看看 UNIQLO 如何稱霸雙 11

　　曾有位高級品牌電商行銷人員，在我的社群課程結束後問：「老師，我們老闆想沾雙 11 的光，當天在臉書粉絲頁推出產品促銷，可是效果沒想像中好，為什麼？」

　　他的公司據點在台灣，巧的是，那次雙 11 我在上海和杭州真實感受當地氣氛，相較於上述那位台灣電商行銷人員的老闆只做一天促銷，在對岸可不是只有一天、兩天的事，而是整整為期 2 ～ 3 週的瘋狂購物節，從 10 月底一路做到 11 月 11 日當天再下殺。

　　當時不管身在中國何方都會看到相關促銷訊息，就連在車上聽廣播，「距離雙 11 用 1,314 元買最新 iPhone 還有倒數 4 天……手機追蹤我們的微信公眾號……」也是每小時倒數一次播放，如此反覆催眠洗腦，彷彿你不買就是錯失良機了。

　　值得注意的是，日商 UNIQLO 連兩年奪下雙 11 服飾類銷售冠軍。雖然 UNIQLO 沒有公開詳細數字，但據中國媒體《第一財經週刊》報導，UNIQLO 在雙 11 的整體銷售額已突破 6 億，這個特

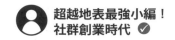

超越地表最強小編！
社群創業時代

殊案例，發生在仇日的中國格外引人注目，UNIQLO 如何做到讓大陸人買單，靠的就是兩招：獨特的產品定位、大數據分析賣新品。

獨特的產品定位

相較於歐美的 ZARA、H&M 等品牌，UNIQLO 銷售的是簡單、樸素、不落俗套的基本款，並開發出獨家布料和機能衣、比如搖粒絨、輕羽絨，再到 HEATTECH 發熱衣……等特殊機能衣，瞄準中產階級，創造獨特的差異化市場。

相較於其他快時尚品牌，消費者大多只會幫自己買衣服（畢竟只有自己最清楚自己最喜歡的時尚款式），而 UNIQLO 常針對秋冬季節推出羽絨服、搖粒絨、秋冬發熱衣等基本款，看似普通卻有不錯品質，搭配起來也不難看，不只買給自己，還可以買給長輩、小孩、枕邊人。「冬天要到了，一家五口人，一人 2 件發熱衣剛剛好。」這種「連一拉十」的全家型消費力，實在不容小覷。

大數據分析賣新品

UNIQLO 的電商團隊會透過去年雙 11 活動中，消費者在購物車裡放置商品的大數據，並以此為基礎進行相關庫存籌備，確保最受歡迎的輕型羽絨服、HEATTECH 發熱衣、法蘭絨襯衫、搖粒絨

系列等，有更充足的貨品供消費者在活動中搶購。

　　這點我有切身體會，我雙 11 當晚在別的快時尚服飾品牌下單時，有些熱銷款已出現「銷售完畢已缺貨」提示字眼，但這種狀況當天晚上在 UNIQLO 下單並沒有出現。

　　另外，相較於其他品牌將雙 11 視為出清庫存的好時機，UNIQLO 設定 90％都是秋冬新品，雖然 UNIQLO 所謂「新品」也是基本款，譬如去年買的黑色橫條款輕羽絨，今年則是黑色格子的款式，款式差異其實不大。

　　且因為 UNIQLO 在中國定價大約比台灣高兩成，我對中國 UNIQLO 雙 11 購物季折扣總沒有太多「搶到便宜」的痛快，但若單純以中國市場論，UNIQLO 在 2015 雙 11 促銷力度相當強大，優惠程度也高於平常促銷力度，旗下 400 多家 UNIQLO 實體店面並沒有比照網路商城的折扣優惠，UNIQLO 網路專屬優惠猶如「獨家」，讓消費者產生「這時在網路買比實體店面買更划算」的購物衝動。

　　緊抓住消費者撿便宜的心態，並打造專屬差異化商品，事先透過大數據確保新品貨源不斷，再加上 UNIQLO 遍佈中國 90 多個城市、超過 400 家實體店面的強大品牌力，這大概就是 UNIQLO 連兩年稱霸中國雙 11 服飾類銷售冠軍最深處的秘密了吧。

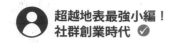

抽獎會不會只換來僵屍粉絲？

有個問題常在企業社群經營者之間引起討論，那就是「抽獎到底有沒有效果？」大部分人常說「抽獎結束，獎項沒了，粉絲也離開了」，但自從臉書調整演算法後，自然觸及早就成為企業粉絲團經營者遙不可及的奢求，所以若抽獎操作得宜，也不失為活絡粉絲的好辦法。

四大電信業者怎麼做？

比較台灣四大電信業者粉絲團做法，「中華電信」和「台灣大哥大」採用較傳統的內容經營方式，提供各式資訊試圖與粉絲搏感情。但回歸企業本質，企業到底需要提供什麼樣的資訊給使用者？

實際上，在資訊爆炸的年代，使用者是否需要「中華電信」提供那些雜七雜八的新聞資訊，其實有待商榷（比如「LINE 貼圖現在可以佔據整個手機版面了耶」或者「臉書即時通可以投籃了耶」）與其提供那些雜七雜八的內容，不如在使用者需要客服時快速提供解決方案和溝通的對象。

台灣四大電信業者粉絲團「粉絲數」與「活躍度」的相關比較

粉絲數高

【中華電信行動學院】
擁有 33 萬個讚

平均貼文按讚／分享數
100 個讚／ 2 個分享

下廣告後的貼文表現
2500 個讚／ 93 個分享

【遠傳電信】
擁有 53 萬個讚

平均貼文按讚／分享數
400 個讚／ 40 個分享

下廣告後的貼文表現
300 個讚／ 137 個分享

活躍度低　　　　　　　　　　　　　　　　　　　　活躍度高

【台灣大哥大與你生活在一起】
擁有 5 萬 9 千個讚

平均貼文按讚／分享數
50 個讚／ 2 個分享

下廣告後的貼文表現
400 個讚／ 28 個分享

【亞太電信 GT 4G】
擁有 13 萬個讚

平均貼文按讚／分享數
400 個讚／ 600 個分享

下廣告後的貼文表現
600 個讚／ 700 個分享

粉絲數低

　　相較於「中華電信」與「台灣大哥大」，「遠傳電信」和「亞太電信」則採用「小額贈品」作法，提供電影票（市價240元一張）、禮券（200 元）等小額贈品，吸引網友按讚、分享與標記好友。

　　長期累積下來，以社群互動數最高的「亞太電信」為例，他們粉絲團人數大約落在 13 萬，但由於舉辦抽獎的頻率較為頻繁（平均一週兩篇），因此每篇貼文按讚數都可以破千，分享數也相當出

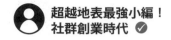
色。

　　若以每張電影票成本 240 塊計算，舉辦一次抽獎提供兩張，一則貼文的成本不到 500 元左右，但只要操作得宜，多次抽獎的效果是可以持續的。相較丟 500 元台幣預算在臉書買廣告貼文，得到的效果僅是曝光，直接用「抽獎」可能更有擴散效益。我們用以下圖示解釋：

以一次又一次的「抽獎」活動，持續推升貼文觸及效果

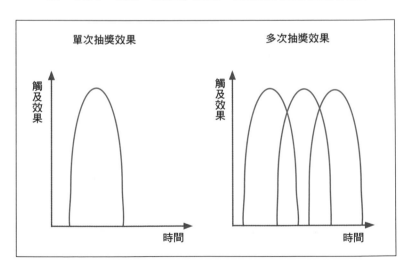

那麼，到底該如何讓抽獎效果最佳化？有以下四個要點必須考量：

1. 活動門檻不能太高

很多粉絲團會號召網友拍影片、上傳照片等，但除非品牌號召力很強，否則這類型活動很難達到良好的擴散效果，只會事倍功半。近期我認為最方便有效益的抽獎作法是「按讚分享」加上「留言標記兩位好友」。

2. 點名提升觸及效果

此外，由於臉書按讚、分享功能已經通膨了，使用者變得沒那麼在意，尤其在自己動態時報上看到抽獎資訊時，多半選擇一滑而過，畢竟他人參加抽獎與我何干？

但直接透過「人與人之間直接點名」方式抽獎，被標記到的人選會跳出通知，產生即時互動效果，甚至點名和被點名者還會在留言區直接聊起天來……這些都能讓該篇貼文達到實質觸及效果。

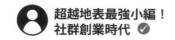
3. 文案要夠短夠直接

臉書曾建議內容經營者提升粉絲團活躍度的辦法，其中之一是「把貼文寫得淺顯易懂」，重點放在前面 3 ～ 5 行間，讓粉絲不必用到點擊「繼續閱讀」才能展開更多看完。

抽獎文案的撰寫方式也一樣。

首段文字可提出「活動辦法」，第二段帶出「活動網址」，第三段「提供驗證機制、提醒參加者」。實際測試後，一個擁有 48 萬人的粉絲團，效果最佳的抽獎貼文可以觸及到 18 萬人（達到 1/3 人數），效果比平常沒有抽獎的貼文好 4 ～ 9 倍。

4. 抽獎最好另做活動頁

臉書提供直播功能後，現在的演算法優先順序為：直播＞影片＞分享連結＞圖片＞純文字分享。

因此，想讓抽獎活動達到最佳宣傳，最好可以做到「另行製作活動頁」，再透過「直播」宣傳向粉絲分享連結，讓抽獎活動更迅速被觀眾看到，並且即時參與，增加互動感。

以前舉辦抽獎活動時，總會遇到兩大困擾。首先是「沒有時間、資源做活動頁」，其次是「抽獎結束後隨機選出得獎者」過程很耗時。我甚至記得我做過 500 支籤（只為了抽出 3 本書的得獎者），

但光是做籤、抽獎、拍影片就耗掉半天時間。想找解決辦法，多數網路抽獎平台都要付費，限制又多，審核時間也長，在抽獎的執行運用上變得綁手綁腳，大失靈活度。

後來發現線上有許多團隊提供免費抽獎機制，在抽獎日期截止時，還會隨機抽出得獎者。

抽獎到底有沒有效？

抽獎到底有沒有效、能不能提升粉絲團活躍度？

當然能。尤其你的產品如果屬於售價較低、需要免費推廣以提升知名度的類型。若你沒有現金廣告投放預算，透過自己粉絲專頁提供抽獎活動、讓粉絲試吃試用並曝光在自己的動態時報上，都不失為一個好方法。

若你是大型企業主（如亞太電信），眾多小額贈品像電影票、禮券等通用型高的獎品，常能小兵立大功，幫你大幅提升貼文觸及效率。

但切記，不要把「抽獎」變成一次性活動，要盡量轉念，把抽獎想成「小額行銷支出」，長期執行下來，若發現效果遞減時不要加碼，反而應該暫停抽獎並整頓內容，才能持續達到有效擴散粉絲專頁貼文的最佳效果。

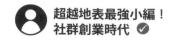

臉書廣告操作必須先做好五個準備

對於社群網站來說，最有價值的地方就是在於凝聚人群之後，開始透過使用者的大數據提供相對應的廣告資訊，進而從中營利，無論是臉書、Instagram，或者中國的微博和微信，都已擁有廣告銷售的商業獲利模式。

然而，許多人也好奇目前全球最多人使用的社群平台臉書，買廣告到底有沒有效果？會不會很貴？設定辦法難不難？買了到底有沒有效果？

實際上，以臉書為範例，廣告金額可以自行設定，最低可以設定為每天投放 20 元台幣，比一杯珍珠奶茶還便宜。說貴不貴，但很多人會不敢嘗試，怕沒設定好，錢就像打水漂一樣不見了。所以，在投放廣告前，我們必須先做好以下五個準備。

準備 1：思考自己為何而經營，買廣告的目的是什麼？

一般社群經營者買廣告的目的有三種：

經營品牌：雖然粉絲團按讚人數不等於品牌影響力，但仍是一個重要指標。因此許多品牌在經營社群初期，會透過買粉絲團的按讚數（或追蹤數）累積人數，讓自己在社群領域更具說服力。

內文曝光：對部落客來說，希望自己撰寫的內容被更多人看到，因此會希望透過購買臉書的貼文廣告得到更多曝光機會。

銷售獲利：對電商來說，想透過廣告增加產品能見度，進而提升產品銷量。

應該先釐清你的目的是哪一個，才能針對不同需求採取不同廣告策略。

【案例分享】你認為上述三種廣告目的，哪種最有機會回收，讓你賺錢？

廣告投放往往就像潑出去的水，尤其是在「經營品牌」和希望自己「內文曝光」的時候，很難看到實質的金錢回報。

曾有小農跟我說，他買臉書廣告都沒有效果，但對很多人來說，他的粉絲團經營得很不錯，剛經營粉絲團一個月，透過臉書打廣告，設定 3,000 元台幣的預算，便累積了 900 個粉絲，平均一個讚落在 3 元左右，累積快速，而且價格也非常便宜。

一個粉絲團的讚落在 5 元以內，成效就算是非常好，平均一個讚視不同的產業別而定，取得的讚會有不同的價格。

可是，為什麼他會認為廣告沒有效果呢？

最根本的原因是雙方認知不同，他希望臉書廣告能幫助他快速

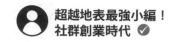
銷售產品，因此即便 3,000 元的廣告預算得到 900 個粉絲團按讚數，卻不符合他的預期。

所以，我們必須釐清自己廣告的目的。

臉書打廣告就像以前買報紙廣告一樣的概念，不一定會產生銷售效果。

臉書廣告可以讓我們多一個曝光管道，而那些幫你按讚的人，代表他們願意留下來接受你的資訊，讓我們可以再進行二次行銷宣傳，這也是以前傳統的廣告無法做到的。

準備 2：你有沒有外幣信用卡？

臉書買廣告必須透過可以刷外幣的信用卡來扣款，因此在進行廣告設定前，必須先準備一張外幣信用卡，才能完成付費流程。

準備 3：你的族群設定

你真的瞭解自己的族群嗎？我有個在臉書經營影音食譜教學的網友，是個媽媽，有兩個小孩。經營臉書粉絲團是她的興趣，常常分享自己的食譜教學，尤其是甜點，法式馬卡龍、起司蛋糕都是拿手菜。

她原本以為自己吸引的族群都是一群喜歡做甜點的人，有一

天，她分享了一個題目：「如何用剩飯做冰淇淋？」引發了廣大迴響，甚至比以前的法式馬卡龍、起司蛋糕，效果都來得好。

　　我們針對這個問題稍微討論過，得出的結論是，或許她的族群跟自己想像中不一樣，她的族群也許跟她一樣都是媽媽，每天都在煩惱晚餐要吃什麼？該怎麼把平凡無奇的菜色變出花樣？

　　因此，她為了測試讀者口味，又推出了如何快速做出超美味滷肉飯，這個迴響也比甜點來得好。

　　在我們經營內容的時候，要善用臉書後台的洞察報告所統計的數據，找出自己讀者的喜好，運用設定年齡層、居住地點、語言、興趣愛好等多重分類，精準鎖定目標群眾，讓廣告達到事半功倍的效果。

準備 4：你的廣告素材

　　臉書目前針對購買粉絲團的讚（非貼文按讚），提供三種不同類型的廣告規格：圖片、影片、輕影片。

　　圖片最多一次可以上傳 6 張，橫向 8:3 的照片，若沒有好的素材，臉書也提供免費圖庫供選擇。

　　平常我在投放廣告時，這也是我最常使用的選項，因為透過一次上傳 3 ～ 5 種**風格各異**的廣告圖片，約在 6 小時後就能得到廣告

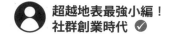
成本，再優化廣告，停掉貴的，留下便宜的。

若你的廣告預算落在每天 200 元台幣左右，不必一次上傳 6 張素材，通常 3 張左右的素材就夠了。

影片在購買粉絲團的讚方面，測試過最好的影片長度落在 1 分鐘左右，但製作影片有門檻，而且影片一次只能設定一部，除非重複步驟，不然，較難透過上述圖片的設定方式，一次設定好多組素材讓臉書測試出結果進行優化。

輕影片則是臉書自動將圖片素材製作成幻燈片，這個規格使用起來優點是看似絢麗，但實際上效果非常有限，一不小心反而還會提高廣告成本。

準備 5：算一算你的廣告成本

一個粉絲團的讚若落在 5 元以內，就已經是不錯的成績了，這個數字會因應不同的產業有不同的價格，譬如公部門、電商、遊戲、補教、人力銀行等，可能會比 5 元略高，但若是一般部落客，操作得宜應該是可以落在 5 元左右，甚至可能更低。

廣告的成本會看操作手法而定，但在投放廣告時一定要有基本的成本概念。

曾有個學生跟我說：「老師，我回去照著你的作法做，但感覺

沒什麼效果。」我一問才發現,他把預算設定為 7 天 200 元,若以一個粉絲團的讚,平均價格大概落在 5 元左右來計算,200 元約可以獲得 40 個讚,再平均分配到 7 天,那麼一天平均可以獲得的讚不到 6 個,當然感覺不到成長。

　　總而言之,臉書廣告可以買,但錢要花在刀口上,先釐清自己為何要買廣告,是否已經將買廣告前需要準備的素材、文案、族群觀察準備好了再購買,而且就算要買也要買真的粉絲,不要只是為了達成目標,衝出好看的數據,買了一大堆毫不相干的殭屍粉。

燒掉 40 億美金的一堂課:中國人教 Uber 創辦人的事

　　Uber 是新世代「共享經濟」模式的代表企業,透過好操作的介面,以及大量發送優惠碼,以人拉人的方式(拉一人送 1,500 元台幣),緊跟時事的行銷手法(大選投票日當天有 200 元車資免費額度),收服了大量會員。這個推廣方式簡單粗暴,但又能以惠及他人的方式傳播開來。

　　創辦人卡拉尼克曾一年在中國待了 75 天,說明中國市場對 Uber 的重要性,但即便如此,他也坦承在大陸擴展遇到很大的壓力,中國競爭對手燒了 40 億美金,讓他上了一堂血淋淋的課。

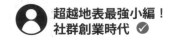

中國競爭者善用補貼獲取大量用戶

卡拉尼克透露，他第一次來到中國時備感壓力，尤其面對價格戰更比他想像中來得激烈，由於每週「滴滴打車」會花費7,000萬～8,000萬美金補貼司機，相當於一年要花40億美金來補貼，但卡拉尼克認為，每週花8,000萬美金補貼是不可能持久的，他也害怕運用這種補貼模式，使用者會習慣補貼，在縮減補貼和叫停後便離你而去。

因此，為了在中國市場長期發展，必須投入其他城市的獲利。

卡拉尼克提出，希望在中國長期發展，所以會把其他城市的盈利投入中國市場，花錢補貼不可能持續太久，如果反覆讓投資者出錢補貼市場，最終會失去對叫車商業模式的信心。

因此Uber也在各地調漲價格，以台灣市場舉例，Uber每公里費用由16元調漲為20元；每分鐘從4元調漲為5元，看起來金額不大但也默默漲了25％；另外從1月18日以後加入的，公司從司機抽成也由20％增加到25％。

從叫車服務變成多元平台更有競爭力

Uber為了多元發展，曾在中國提供一系列服務，從單純的叫車服務轉變成多元平台，訂餐、二手車買賣、賣廣告一應俱全。

以後，你坐車 Uber 賣廣告，運用 LBS 定位系統，乘客上車後經過肯德基，肯德基就可以推送廣告給乘客。Uber 必須透過更多元的方式來獲利。

在全球無往不利的 Uber，在中國遇到了價格戰，競爭對手花了 40 億資金補貼消費者和司機，就如同 Uber 在他國市場採取的低價策略，快速累積一批死忠消費者是一樣的道理。

於是，他們也快速學習中國競爭者的優點，將叫車平台添加各式第三方應用服務，但這是一道雙面刃，畢竟 Uber 的本質在於叫車服務，對消費者的黏著度不像即時通訊軟體一樣高，因此如何提供優質叫車服務以及各式服務，卻又要避免激怒使用者，是經營者最重要的課題。

但 Uber 在中國最後的結局是什麼呢？

這堂 40 億美金的課，在「滴滴打車」和 Uber 大打價格戰後，中國政府出手要求改善亂象，於是，最終「滴滴打車」與 Uber 全球達成戰略協議，透過換股方式收購 Uber 中國的品牌、業務、數據等全部資產。

Uber 中國被中國的「滴滴打車」收購了，雙方彼此的董事長加入對方的董事會，然而，合併對 Uber 全球來說，是雙贏還是雙輸，只能等待時間來解答了。

Lesson 4　新型態的社群

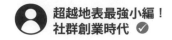
想成為網紅，建構數位品牌，一定要知道的四個關鍵

　　不管你是想要成為網紅，還是販售產品、跟市場溝通，想要得到陌生群眾的關注，社群經營都是現在的顯學，有越來越多品牌、企業、個人經營者都加入了這個行列，但要怎麼在這個領域成為網紅、建立品牌站穩腳跟？可以參考以下四個提醒。

1. 選擇跟你相符的社群平台

　　經營社群，內容會決定你應該要使用的社群平台。台灣以臉書的使用者為大宗，絕大部分人聽過的，大概就是臉書、YouTube、Instagram 等社群平台，但實際上還有很多，而且每一個平台鎖定的用戶年齡層也不一樣，舉例來說，很多人使用的修圖軟體「美圖秀秀」其實也有推出影片的社群平台，叫做「美拍」。

　　他們觀察到 00 後的使用者高速成長，具有很大的成長空間，

活躍度是7年級生的5倍，8年級生的3倍，進而鎖定這群年輕用戶，推出符合他們需求的產品。以短影片出發，在平台提供不同類型的頻道、主題內容，搞笑、勞作、美妝、音樂翻唱等。

　　網紅是如何養成的？有個教大家做紙黏土的美拍達人，粉絲人數達到30幾萬，而經營這個頻道的版主，其實只是一個高中生。為何一位高中生能夠在「美拍」引起一番風潮？因為她選擇使用的社群平台符合自己的需求，同質性高的使用者迅速累積，進而成就了她成為網紅意見領袖的地位。

2. 提供有價值且可以被分享的內容

　　絕大多數人有一個迷思，認為自己喜歡的就是有價值和可以被分享的內容。

　　有個朋友曾經在臉書社團分享了阿根廷旅行時拍的照片，記錄許多當地年輕人的臉，但分享以後卻沒有引起共鳴，因而有點難過，認為自己所做的事情好像毫無意義。

　　當然很多人會說，不要被按讚、分享制約了，但若有心想要經營社群成為網紅，這些指標當然是很重要的，所以我們應該學會反過來思考。

　　有價值且可以被分享的內容，多半都是經過整合的，都是站

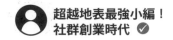
<u>在別人的角度替他思考、解決他某種問題的，還有一種是幽默搞笑的。</u>因此，若你希望自己撰寫的文章盡早被看到並引起共鳴，在下筆之前還是先思考一下撰文的方向，還有鎖定的族群。

3. 與網紅（意見領袖）互動

　　成為網紅或建構品牌的時間是複雜和緩慢的，需要時間累積，在你還沒辦法成為該領域的意見領袖時，你所說的話、做的事，很容易被其他噪音干擾，因此，在初期架構自媒體的過程，需要懂得跟意見領袖互動，借力使力。

　　這個方式做得好，可以快速引起關注和共鳴。簡單來說，各大網路名嘴都是箇中翹楚，所謂的跟意見領袖互動，不見得是說好的，有許多人擅長批判型態的內容，也很容易引起關注，成就自己的影響力。

　　只是有些事有所為有所不為，這個做法不見得適合每一種人，因為容易引發的媒體二次傳播效應，不見得是我們能夠接受的。因此需要小心拿捏。

4. 設定廣告預算，讓內容更容易被看到

　　早年的臉書可以透過按讚分享，口碑相傳，讓自己的內容透過

人脈圈，迅速流傳出去，但現在由於使用人數激增，臉書已經漸漸收回這項紅利政策。

當我們在經營自己的社群平台時，必須學習設定廣告，賦予內容更深遠的廣度，傳達理念，以利我們更快速讓自己的內容被對的受眾看到。

絕大多數人想到買廣告，就會想到大筆預算，如：電視，戶外看板、捷運沿線，但網路廣告興起後，大幅度降低購買廣告的難度，並且可以依照自己設定的金額，以小成本的預算，如一天 200 元台幣，設定你的受眾，準確打到你的族群。

現在，社群平台是一種新型跟消費者和讀者溝通的媒介，我們不見得需要從中獲利，但可以透過瞭解這個平台，在數位浪潮不缺席，並且讓他更為我們所用。

增加 Instagram 粉絲一定要知道的五個經營技巧

Instagram 是許多網紅的誕生地，以我自己的 Instagram 來說，能夠累積 10 萬人追蹤，最大的關鍵是抓住了 Instagram 的特色，也就是**「視覺」的吸引力**，要如何運用這個視覺改變吸引粉絲注意，答案就在以下 5 個經營技巧裡。

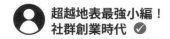
1. 設定主題和主視覺

許多人在經營 Instagram 時，喜歡記錄自己的生活，但生活並不是一個好的聚眾主題。因此在經營時必須先釐清自己的需求，如果只是單純記錄自己的生活給身邊朋友看，你大可隨心所欲發佈自己想發佈的內容。但若是希望提升追蹤人數，明確的主題就有其必要性。旅行、美食、時尚、都是不錯的選擇，當你決定一個主題後，接下來就要決定主視覺。

Instagram 跟臉書最大的不同，在於版面的設定，Instagram 是運用相片牆的概念，而不像臉書直接進入時間軸、瀑布流的方式。

Instagram 相片牆

　　當粉絲進入 Instagram 後，會想瞭解你平常所發佈的資訊，是不是符合他的需求，因此相片牆是否一目了然，是否能夠讓他們明確看懂你想表達的主題內容，是非常重要的。

　　曾有人詢問，為何明星藝人、網紅，或某些領域的達人在 Instagram 上發佈自己的生活照，照片、排版不見得有多好看，但按讚數、追蹤數卻很高呢？

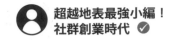

最主要原因是，他們的追蹤者多半是因為先認識他們的作品，進而想看看他的日常生活。因此他們的追蹤數取決於作品／自身知名度的高低，跟版面和照片風格並沒有太大的關係。

2. 照片品質和相似濾鏡

透露一個小秘密，絕大多數 Instagram 網紅的照片，都不是用手機即拍即發的，手機是基本配置，但多半是使用相機才能拍攝出更細膩的畫質。

而濾鏡、修圖都是基本要做的事情。然而，要怎麼把照片修得自然、不刻意才是最困難的。

一張好看的照片，不會只是透過一個 APP 修出來的，它可能會搭配幾款不同的 APP，針對每款 APP 的特性發揮最大的效用，例如在 VSCO CAM 套用濾鏡，在美圖秀秀、Facetune 修改人物膚色及胖瘦，而在 Lightroom 可以調整局部色調……最後，關於照片還有一個提醒，由於大家使用了過多 APP 套用不同的濾鏡，導致最後照片色調不統一，乍看之下，Instagram 的照片版型就失去了一致性。

因此上傳照片前，可以使用 PLANOLY、UNUM 等模擬 Instagram 排版的 APP，從相簿上傳照片，自由改變照片順序，上

傳照片前，請預先確認照片版型是否維持一致性。

3. 觀察其他網紅的創意

Instagram 有個功能是當你追蹤一個人之後，它會推薦類似形態的帳號供你追蹤。在 Instagram 上厲害的人很多，可藉此學習他們拍照的創意、構圖及擺盤的手法，觀察他們怎麼經營，讓自己成為一個善於觀察生活，並能及時捕獲美麗瞬間的人。

好比說，拍攝產品照片時，可以找相同色系的物件當道具，不要跟宣傳的產品撞色，以白色或乾淨素雅的平面作為背景，如桌面、大理石板，白色布料或床單，最後從上往下的角度拍攝，突出宣傳的產品。

物件也要維持對齊和平衡，四周適當留白，不要讓畫面顯得太過擁擠，保持畫面的乾淨，集中觀眾的注意力，讓照片更有視覺性。

4. 善用主題標籤和標記

主題標籤和標記是兩個不同概念，主題標籤是 #，而標記則是 @，兩者功能不太一樣，主題標籤是由井號加上一個詞、單字，或沒有空格的一句話所構成。

標記則是用來通知對方帳號，被標註的朋友也會收到被標記

的通知。當你被標記後，照片會出現在你的個人檔案→有你在內的相片。若你對自己的作品很有信心，可以試著標記知名品牌，若是被對方小編看中，他們很有可能會使用你的照片，並且標記你的帳號，提升你的能見度。

5. 網紅養成：作品持續產出

當你找到發文方向以後，必須持續產出內容，加深網友印象。有個「一萬小時定律」，若想成為某個領域的專家，需要一萬個小時的磨練。基本上，以冒牌生個人 Instagram 來說，保持一天一圖片的頻率是最好的，不必刻意一天丟太多照片，讓粉絲產生審美疲態。當我拍攝照片時，若 3 天以後會想要刪掉的照片，我就不會發。

產出內容以後，不能只是發出去就算了，必須做到即時回覆、給他人點評和愛心。按愛心和留言是一種雙向溝通，需要即時和針對，當你互動的人越多，回饋的人也會越多。

Q HINT

社群經營需要長時間規畫，想要成為網紅、建立品牌，要在規畫中不斷累積與培養，建立與自己同屬性的粉絲，加深粉絲與經營者之間的聯繫，學會以上這 5 個技巧，就能掌握基本的 Instagram 經營能力了。

從 100 人到 10 萬人，經營 Instagram 要搞懂的三個問題

在臉書調降觸及率之後，無論是政府到品牌企業都紛紛尋找另一個接觸年輕族群的管道，此時，聚集了許多年輕族群的 Instagram 就成了各家首選。

Instagram 每個月活躍用戶超過 8 億，台灣也有不少用戶，看似發發照片就好的 Instagram，其實使用者的邏輯和 APP 本身定位都跟母公司臉書不太一樣。

用一句話來概括兩者到底有何不同，簡而言之：如果上臉書是為了跟朋友連結，那麼上 Instagram 就是為了看美美的照片。

Instagram		Facebook
手機 Only	← 操作方式 →	網站、APP
以圖像為主找靈感	← 使用方式 →	整合過的資訊
1～2 張重點呈現	← 圖片差異 →	隨意圖片
可選擇私密性	← 私密性 →	大家都在用
同儕、年輕人	← 族群 →	父母、長輩、全部人
圖片、美感	← 擴散方式 →	社交機制
有整合	← Hashtag "#" →	凌亂

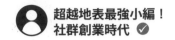

以下整理了三個學員們在課堂上最常詢問的問題，或許對你在經營社群時會有些幫助。

Q1：Instagram 的照片都是真的嗎？

學生們在課堂上都會好奇 Instagram 照片的真實性，同樣都是用手機或相機拍出來的，為什麼有些人的照片就是特別美、特別精彩？

通常我會反問一個問題，那你們喜歡真實的照片還是看起來虛假的照片？絕大多數回答都是：「我們比較喜歡真實的照片。」

我認為這個答案是很典型的人們在被詢問到敏感問題時，出於自我保護所給予的一個虛假答案。

因為，大家嘴巴上都說想要真實的照片，但會被按讚的圖片、會被追蹤的照片，通常都是修過的比較多。

我有個學生在 Instagram 專門搜集私房打卡景點，經營不到兩週，累積追蹤人數超過 3,000 人。我們前陣子一起到宜蘭拍攝落羽松，其中有個讀者留言：「好漂亮喔。」由於這個景點的另一面是墓園，於是他說：「這面美，另一面就有點可怕了。」後來讀者的回應非常實在，在某種程度上也反映了 Instagram 使用者心態：「請

給我美的一面就夠了，永遠不要打破網路上的美感！」

　　與其討論照片的真實性，不如試著製作能夠吸引人的主題和 Instagram 風格。

　　首先，如果在 Instagram 平台，大家都知道要有風格，但風格該怎麼營造？

　　許多人習慣用三張一組的照片形式，讓自己的照片牆看起來更有風格，但實際上，根據 Instagram 提供的數據資料顯示，絕大多數讀者只會看到你當下發出去的照片。

幾乎 99％的曝光來自於讀者個人首頁，而不是點進帳號擁有者的個人檔案進行瀏覽。

這代表單一照片的吸引力比整體風格的統一更重要。

整體風格統一目的是，當少部分的網友點入你的帳號查閱內容時，讓他們感受到整體氛圍的一致性，進而減少內心不確定性，更願意留下來追蹤。

因此，照片風格的排版不適合 3 張一組，畢竟 Instagram 的版

面是 3 張照片為一排，當讀者點選進入頁面觀看時，視覺效果就沒有 9 張照片一組來得明顯。

9張照片統一色調的風格範例　　　3張照片統一色調的風格範例

　　然而，無論你選擇哪一種排版方式來塑造風格，都要切記：<u>**不要用濾鏡拍照**</u>。

　　用濾鏡拍照雖然方便，當下的視覺效果也好，可是，缺點在於照片畫質會被壓縮，很難再用其他 APP 來修圖，建議用手機內建

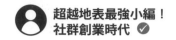

相機拍照，再套用其他 APP 來改色調或修圖。

Q2：Instagram 有提供數據分析嗎？

　　Instagram 背後的母公司是臉書，臉書的粉絲專頁提供了非常詳細的洞察報告，這項服務在你將自己的 Instagram 帳號轉換為商用帳號時也會擁有，而且免費，但帳號擁有者必須先有一個粉絲專頁，並將兩者串連在一起。

　　串接成功後，剛開始的數據並不會太具有參考價值，但大約過了一個月以後，數據會越來越準確。

　　Instagram 的洞察報告會提供詳細的追蹤數、年齡層、居住地、熱門貼文、熱門限時動態，並且也會提供每則貼文的詳細數據。

　　Instagram 提供的貼文數據資訊包括：商業檔案瀏覽次數、追蹤人數、觸及人數、曝光次數，定義分別如下：

　　商業檔案瀏覽次數：你的專頁檔案被瀏覽的次數

　　追蹤人數：開始追蹤你的用戶數量

　　觸及人數：看過你任一則貼文的不重複帳號數量

　　曝光次數：你的貼文被查看的總次數

　　對商家來說，商用帳號最方便的是可以提供「撥號」「電子郵件」「路線」資訊，讓消費者直接聯繫。

1414story
m.facebook.com/1414story
台北市信義區基隆路一段176號, Taipei, Taiwan
翻譯年糕

| 撥號 | 電子郵件 | 路線 |

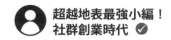
Q3：限時動態有什麼意義？

發佈限時動態是未來趨勢，臉書正在將自己旗下的產品，如 What's App messenger，包含臉書自己的 APP，整合加入「限時動態」的功能，正因為他們在 Instagram 裡嚐到甜頭。這個功能原創來自他們的競爭對手 Snapchat，提供使用者一個服務，張貼限時的影像訊息，在發送 24 小時後就會自動被刪除。

錯過的愛
只是一段回憶
我們該繼續的是生活

#智障生 #新書 #愛過以後忘記的事

　　Instagram 推出限時動態功能六個月，就增加了一億用戶，近期活躍人數也激增到 8 億人，使得平台普及度更高，而限時動態雖然不具有公開評論或按讚功能，但可以透過私訊發送給發佈者，讓使用者不會被按讚數和公開評論綁架，可以更自在的分享。

　　超過一萬人以上追蹤的 Instagram 用戶，限時動態可以放置連結，引導觀眾到你想要他們前往的網頁，也成會為許多品牌的愛用首選。

　　臉書逐步降低專頁的觸及率，讓許多社群經營者無所適從，要開始用 Instagram 之前又怕自己做不好，但你現在不開始，以後就絕對沒有機會了。

HINT

其實，經營社群媒體的目的是讓自己更容易被看到，無論是臉書、Instagram、YouTube、部落格都只是輔助工具，最終決勝的還是個人品牌、商業品牌的價值，因此選擇對自己有幫助的工具，成就自己的目標，那才是最重要的。

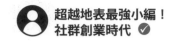

超越地表最強小編！
社群創業時代 ✓

正確使用 Hashtag 的六種方法

Instagram 是圖像行銷的主流，目前全球已擁有超過 5 億用戶，也是最熱門的社群平台之一，它發展快速，讓許多年輕族群都捨棄臉書使用 Instagram，其中，最特別的功能莫過於整合了主題標記（Hashtag）

但是，Hashtag 到底要怎麼用？以下提供六種正確使用 Hashtag 的辦法：

1. 選擇適合的 Hashtag

思考大家平常會去使用的主題標記，數量不要太多，Instagram 的 Hashtag 數量上限是 30 個，但並不代表你標記越多越容易被看到，無論是臉書還是 Instagram，標記太多反而會造成版面、視覺混亂，最佳數量大約抓在 10 個左右即可。

2.Hashtag 需要簡短有力

很多人會把 Hashtag 變成加強語氣的用途，但實際上越長的句子，共用性越少，如果你使用 Hashtag 的目的是希望自己的貼文更有機會被看到，並不適合把標記變得太長，越簡短有力的關鍵字，越容易被使用，相對的，被看到的機會也就越多。

3. 標記活動、國家、地區、知名地標

當你剛開始使用 Hashtag，或許會不清楚該從何開始，其實，最快的使用方式，就是標記活動，譬如你參加世貿中心的 2017 台北廣告研討會，可以使用的 Hashtag 除了 #2017 台北廣告研討會 之外，還有 # 台北 # 台灣 # 廣告 # 研討會，從活動名稱開始，周遭相關的國家、地區，乃至於地標 # 世貿中心，都是適合標記的關鍵字。並且在你使用 #2017 台北廣告研討會 時，也可以幫助你尋找活動的意見領袖，再與相關人士互動。

不要使用容易混淆的關鍵字，尤其是許多英文縮寫的關鍵字，例如 TWD 有可能是新台幣，同時也是知名影集《行屍走肉》（The Walking Dead）的縮寫，這個需要注意。

4. 創建自己的分類

我們可以學著創建自己的 Hashtag，目的是方便進行分類，未來可提供自己的讀者或客戶，參考相關類型主題的平均表現，也方便進行查詢，快速看到內容，並且讓讀者閱讀更多相關內容。

例如，透過提供 # 冒牌生輕旅行 的 Hashtag，可以讓讀者尋找到更多冒牌生在旅遊所拍攝的照片，增加停留時間。

超越地表最強小編！
社群創業時代 ✅

5. 參與話題討論

使用 Hashtag 以後，最好可以主動點進去，看看當時也正在使用此標記的使用者，與他進行互動，留言、按讚，參與話題討論後，可以讓標記效益得以最大化，畢竟與其等待被人發現，還不如自己先與人互動，才更容易掌握後續的留言效應。

6. 持續的經營

當你選定幾個特殊話題後，可以在該領域耕耘，不要使用像是 # 生活 那種雜七雜八的主題，稀釋自己的專業程度，也讓新認識你的族群無所適從。因此當你設定主題的特殊性以後，持續針對該主題、該領域發表自己的看法、觀念，接下來才有機會吸收更多更新的觀眾。

使用過 Instagram 的用戶應該都知道，其基本的使用方式即是能夠追蹤好友及其他用戶，讓平台看起來更加豐富、更多互動，但現在 Instagram 正著手測試一項新功能，未來用戶能夠直接追蹤 #Hashtag，對於感興趣的內容，可以更方便、快速地接收到第一手訊息。

#Hashtag 可以將人們想要傳遞的訊息以更簡略、快速的方式散

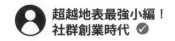
播出去，使用者只要在自己的相片或留言中加入 #Hashtag，就能更方便地找到相關內容，以及被搜尋到，你就有曝光機會。

這個功能也被許多企業視作強而有力的行銷工具，透過 #Hashtag 所進行的行銷活動，比較有機會做到一傳十、十傳百，還有可能跨越國界讓世界看見。

直播前要先思考的三件事

新媒體浪潮此起彼落，從最初開始的部落格到後來的「噗浪」，再到 YouTube、臉書、Instagram、Pinterest、Tumblr 及後起之秀 Snapchat……看似都是新媒體，生態卻各自不同。這也是為何網路紅人汰舊換新的速度比想像中來得快——他們不見得能把影響力從舊地方複製轉移到新平台。

簡單來說，在部落格畫四格漫畫竄紅的人，不見得能搞定臉書，同為新媒體的網路直播也一樣具有獨特生態，在此分享我的失敗直播經驗供參考。

2014 年被譽為「台灣網路直播元年」，我在 Livehouse.in 開直播節目，每週主持一次，一次 1 小時左右，節目形態是跟網路正妹談心，那份工作曾被幾個觀眾戲稱「爽缺」，因為每次都可以見到不一樣的網路美女。

可是節目同時在線觀看人數始終卡在 50 人到 300 人不等，讓我們不由得納悶，為何粉絲團有 70 萬人按讚，那些正妹本身也有一定觀眾族群，而我們彼此都有宣傳，每篇臉書貼文至少也有 500 到 3,000 個讚不等甚至更多，但轉換到直播的觀眾人數卻不符合比例原則，到底出了什麼問題？

我們歸納出以下 3 點結論：

結論 1：你傳遞的訊息是否有比直播更好的方式？

網路影片的優點在於想看就看，觀眾可以自行調配收看時間，網路直播卻不一樣，它比較像電視，只有在固定時段播出，這是種侷限。

當時我做直播是因為常收到網友私訊詢問情感問題，原本想模仿電台 Call In 的概念，透過直播跟讀者有更多互動。

可是與其用直播傳遞內容，讀者更喜歡透過文字感受被撫慰的感覺，尤其台灣直播環境陽春，大多一鏡到底，太過赤裸裸無法做過多包裝，幾次嘗試後收視人數依然沒有成長，我便和製作人討論轉型「正妹訪談」節目。

轉型後原本的問題依然存在，絕大多數喜歡正妹的男性觀眾其實不想看心靈勵志內容，也並不想看正妹背後的故事，他們只想

要性感好看的照片，或者是勁歌熱舞，我的直播無法滿足他們的需求，觀眾也可以透過其他方式滿足需求，定位不清就很難留住觀眾目光。

結論 2：你的族群養成收看直播的習慣了嗎？

我們在摸索中成長，曾有一次邀請李聖傑上直播節目唱歌聊音樂，原本認為李聖傑的歌曲傳唱度高、知名度也夠，預期同時在線人口可以達到上千人，沒想到節目播出時只有 2、3 百人。

後來檢討為何收視人數不如預期，得出一個結論：現在觀眾接受資訊管道太多，想聽歌可以隨時到 KKBOX 收聽音樂，想看 MV 可以隨時上 YouTube，想被撫慰心靈可以上臉書看語錄或買本書，透過直播傳遞上述訊息，不見得是李聖傑歌迷最熟悉的方式，因此產生了極大的認知落差。

同時，我們也歸納出市場群眾也尚未養成收看直播的習慣，這是整體產業結構的問題，許多人願意花幾百元買書，花幾千元聽演唱會，卻不見得願意看免費直播節目，因為當人們願意付費掏錢去演唱會，得到的不只是一首歌，而是整體聲光效果、舞台包裝，以及視覺感官的整體饗宴。可惜目前大多數直播無法呈現更高規格的演出，以至於吸睛度不高。

結論 3：目前台灣哪種直播形態最受觀眾歡迎？

網路直播在台灣才剛起步，電視新聞報導過的韓國正妹吃飯秀、歐美奢侈品直播時尚秀都尚未成風氣。目前台灣最受歡迎的直播形態大致上可以歸納為 4 種：電玩實況、正妹歌唱、話題人物訪談、潮流議題轉播。

前兩種在台灣行之有年，好比像是 Twitch 的遊戲實況主、RC 主打歌唱直播秀都已培養出一群固定的收視族群。而後述兩者則是鎖定直播的特性：即時性、互動性。

有趣的是，直播話題人物訪談，相較知名度高的藝人，政治人物或話題人物收視效果往往更好。好比 2014 年台北市長兩大參選人連勝文、柯文哲都紛紛在 Livehouse.in 做訪談直播，效果都很好，同時在線收看人數都破萬人，留言絡繹不絕，觀眾都想參與討論，甚至希望自己提出的問題被點名。

除此之外，台灣觀眾也喜歡收看潮流議題轉播，Yahoo、YouTube 的三金頒獎典禮實況轉播、Livehouse.in 的線上直播蘋果新機發表會，都是具有指標性的案例，印象中最高同時在線收看人數超過 2 萬人！

只不過，這兩種直播的問題都具有時效性，若同一位話題人物

要常態直播，就不見得能維持新鮮感；三金網路轉播、蘋果新機發表會可遇不可求，對直播製作單位來說，更多的是透過話題人物訪談，以及潮流議題的實況轉播，培養觀眾收視習慣才是重點。

最後也希望透過我的網路直播經驗談，讓更多對網路直播產業有興趣的人有更全面的理解。

台灣網路收視習慣尚未養成。觀眾則是看熱鬧的太多，愛你的人太少，所以各大直播平台紛紛搶灘，卻還沒有投入節目製作資源的決心。在這種情況下，高知名度不等同高收視保證，與其迷信大牌，還不如思考節目企畫內容是否容易引起共鳴，讓觀眾七嘴八舌各抒己見，把討論做得比節目本身更精彩，培養出素人直播主的魅力進而感染觀眾，讓更多人體驗網路直播獨一無二的參與感和即時互動性，也許才能在百家爭鳴的直播戰場更快殺出一條血路。

群眾募資的新玩法

這兩年台灣歷經幾次大型議題：學運集資登《紐約時報》廣告；金萱字體募資突破台幣千萬；台大生集資 50 萬爬山惹爭議……不管好的壞的，透過集資平台募款圓夢，已經從曾經的難以理解到現在被視為一種可接受的宣傳手法。

群眾募資不再陌生，無論台灣、歐美各式集資平台 FlyingV、

Kickstarter、Indiegogo……都有各自規範，上架、抽成比例略有不同，但整體來說都是一次性的專案募款型態──為了一件事或產品在群眾募資平台號召曝光達成目的。

　　可是，然後呢？群眾募資平台專案，募款成功後又可以做什麼？

群眾募資最怕圓夢變成過乾癮

　　會有這樣的想法，是因為我常在群眾募資網站看到一種狀況：有人想成為歌手或作家，卻找不到出版社或唱片公司願意發行，透過群眾募資拿到一筆錢完成夢想，可是出了一張專輯或一本書以後銷售量差強人意，卻無法支撐生活繼續下去……這樣與其叫做圓夢，還不如說只是過過乾癮。

　　我的朋友 Paul 是台灣 HereO 群眾募資的創辦人之一，現在改名為 Pressplay，他曾幫助過許多內容創作者（包括近百組歌手）在自家的群眾募資平台圓夢，如台灣傳奇歌手朱頭皮、開水小姐、Hana 花水木的個人音樂 EP，甚至透過群眾募資舉辦演唱會。

　　他比我更瞭解內容創作者的困境：當群眾募資專案結束，熱度過後依舊回到原點，把興趣當飯吃只是曇花一現，無法長期經營。

　　去年我們有次聚餐結束，兩個人在忠孝東路來回走了好幾遍，

討論若群眾募資 1.0 指的是一次性的專案募款型態，那麼，是否有辦法解決群眾募資炒短線的狀況？

群眾募資 2.0：用長期付費訂閱拉長壽命

那天討論沒有下文，後來 Paul 分享歐美音樂內容創作者 Amanda Palmer 的案例。他於 2012 年 4 月在 Kickstarter 募款，獲得超過 2 萬位援助者支持，最終募得上百萬美金發行專輯、寫真書，舉辦巡迴演唱等，成為 Kickstarter 音樂集資金額最高的項目，可是近期他不再用 Kickstarter 而改用 Patreon，理由是，Patreon 可以跟粉絲互動，並且是長期性的互動。

兩者更大的差別在於，傳統群眾募資平台 1.0 像 Kickstarter、FlyingV 的模式大多提供一次性的集資，那麼產品力、話題性就很重要，甚至是決定成功的關鍵。

Patreon 的概念就像是群眾募資平台 2.0，透過長期付費訂閱方式支持內容提供者，找到願意付費的精品粉絲（備註：精品粉絲不代表鐵粉，鐵粉會願意幫內容提供者按讚分享擴散內容，精品粉絲則是願意掏錢購買內容提供者的付費內容），並經由這群精品粉絲的意見，回饋調校更精準的內容。

群眾募資 2.0 的 Plan Do See

Paul 跟我分享 Patreon 之前，我想起曾經營過一陣子付費社團。那時候，我在臉書每日提供一則 1 分鐘的錄音檔分享社群新聞、新知外加觀點。這樣的模式大約維持 2 ～ 3 個月左右，每天一則，最後凝聚超過 50 ～ 100 左右的人數加入。

由於專注在社群新知又有一點教學意味，聽眾提問的程度不一，有些人可能會從最基礎的問題「如何在臉書創立粉絲團？」問起，也有些人提出的問題較為進階，比如發文觸及率、按讚數、廣告投放等相關議題。而且問題重複率高，很難針對每個使用者量身打造，不由得放棄原本想開設社群診療室的想法。

這讓我不由得好奇，若是提供專業知識傳遞、漸進式的教學內容，會不會發生讀者程度參差不齊的狀況？

於是乎，我觀察 Patreon，發現有很多內容創作者提供單元式的教學內容，例如教你用吉他彈一首歌、用簡單的食材做一道菜，一樣受到熱烈歡迎，因此透過群眾募資 2.0，可以讓更多內容提供者，尤其是部落格作家、影片拍攝者、獨立音樂人，以群眾募資 2.0 的方式，提供長期、有系統的支持。

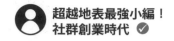
有免費的為何要看付費的？

也許有人好奇，網路上一大堆免費內容，為何要去看付費的？

其實會問這樣的問題，只是代表那個人還沒養成「使用者付費」的習慣。畢竟內容創作者提供免費內容，是希望被更多人看見，但內容製作需要時間成本和金錢成本。如果有免費的可以看，為何要去看付費的？這個問題根本無解，每個人都有自己的消費習慣和金錢分配考量，最重要的是，開始有越來越多人願意付費，透過長期訂閱服務支持他們喜歡的創作者產出更多內容，而內容創作者也有更多管道將興趣發揮得更淋漓盡致。

想提升粉絲活躍度一定要知道的四點建議

台灣臉書滲透率高達 88%，已讓社群經營經變成顯學。但在經營粉絲團時需要制定階段性任務。

開站初期，需要一定的人數證明自己的公信力，若想長期經營粉絲團，臉書後台提供的洞察報告中，觸及與互動人數等，都是需要參考的指標。

無論是小編或網紅，在經營社群時容易出現一個盲點：太過在意提升關注度。透過各種方式找到新粉絲，如廣告、名人見證、交換按讚與號召員工轉發分享等方式，希望促進新增粉絲人數，但卻

很容易忽略原本的粉絲族群。

　　若想長期有效的經營社群，當社群的關注人數達到一定程度後，需要的不只是新增粉絲人數的辦法，還有如何提升既有粉絲人數的活躍程度。簡而言之，就是要提升粉絲團的互動人數，這件事說來容易做來難，以下提供四點提升粉絲活躍度的建議。

1. 站在粉絲的角度發文

　　不同年齡的人群使用習慣差異非常大。八、九年級生喜歡短影片；進入職場一陣子的六、七年級習慣用社群平台看新聞與找資訊；四、五年級的使用者還是在臉書記錄生活、交朋友。

　　因此粉絲團經營者要觀察讀者輪廓，用讀者的語言說話。

　　提供一個案例：曾有一個品牌，消費族群針對 13 歲至 18 歲青少年，粉絲團管理者是 30 歲左右的上班族。

　　小編在發想文案時，寫了「12 星座誰最適合當老闆？」的標題內容，但 13 歲至 18 歲的青少年根本還沒出社會，一點也不在乎誰當老闆，文案的觸及率自然不高。後來，針對類似的文案，我們改了兩個字，觸及率就提高了 3 倍之多。

　　我們把「12 星座誰最適合當老闆？」改成了「12 星座誰最適合當班長？」

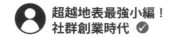
針對自己粉絲團的族群輪廓，寫下符合他們生活氣息的文案，會有意想不到的效果。

2. 情感的強連結

針對網紅和經營個人品牌的小編，更要思考所寫的內容為何會被分享？如果貼文被分享是由於抽獎，偏向物質的緣故，土豪才會天天送 iPhone 或 iPad。所以網紅和個人品牌經營的小編們，要比商用類型的社群小編更加關注情緒的驅動性。

美國知名行銷公司 Act-on 曾經分享過一份報告，指出幾種容易引起互動的情緒，如敬畏、開心、悲傷與同情（如下圖）。

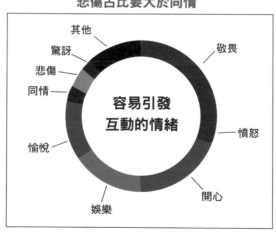

資料來源：美國行銷公司 Act-on

其中，敬畏＞開心＞悲傷＞同情。敬畏是什麼意思？試想一下最多人轉發的東西是什麼？

從語錄、名人書單、名人推薦、名人傳記、成功小故事，乃至於破解成功小故事，都是大多數人會分享的內容。即便很多人對未經查證的語錄，還有媒體造神感到反感，但仍然有一定的市場；甚至可愛的小貓小狗、寶寶的童言童語與惡搞圖文等，凡是輕鬆好懂的內容都容易挑起粉絲情緒，進而提升留言、分享或按讚頻率。因此在構思內容時，可以思考是否涵蓋了情感的強連結。

3. 向粉絲問問題

促進互動有時也沒那麼複雜，直接向粉絲請教問題是最簡單的方式，以下是我們常看到的幾種發文類型：

（1）請教臉書大神，有沒有人知道 xxx 該怎麼做？

（2）請教臉書大神，有沒有認識在哪裡上班的人？工作上有
　　　需要請教～

這些問題，我相信各位都曾在動態時報上看到過。

它們為何有效果？因為在詢問這些問題時，會讓粉絲感到被尊重、有成就感，進而產生共鳴。

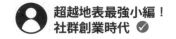
超越地表最強小編！
社群創業時代 ✓

4. 規律、持之以恆的發文

絕大多數的成功網紅、小編，都有定期發文的習慣。

曾有個朋友拍過一支點閱率破千萬的影片，但他卻好奇自己的粉絲數為何起不來。因為他無法延續影片熱度，當觀眾失去期待以後，自然無法跟你產生更進一步的連結。

因此，網紅和小編們在規畫文章時，與其只有一篇爆紅的點閱率破 10 萬或破百萬的文章，不如每週都有一篇點閱率 1 萬的文章，透過密集接觸，更容易讓使用者產生情感聯繫。

規律發文更容易養成讀者的閱讀習慣。

我的 Instagram 幾乎每天發一篇文，節慶時可能會加碼一篇節慶文。甚至於在經營特定粉絲團時也會在文末註明，每天幾點定時更新，讓讀者自主性的來看文章。

分享這種東西是社群經營不可忽略的一環，但分享不會從天上掉下來，必須靠自己的努力，找到粉絲獨特性才會產生黏著度。找到自己的粉絲獨特性以後，也會讓你未來在發文的處理上輕鬆許多，帶來事半功倍的效果。

最後，小編或網紅一定要學會看臉書提供的洞察報告。

當粉絲團人數達到一定程度以後會有一些特性，可能會開始遇

到一群常常留言的人，他們可能透過臉書或特定主題認識你，進而留下來關注你的內容。

但當你開始思考如何提升粉絲活躍度時，勢必會跟以前習慣的發文方式不太一樣，在你試著要改變時，他們往往也會是最先跳出來表示反彈的人。

舊有的讀者可能需要時間適應，甚至選擇離開。這時候不能因為這些人的三言兩語而動搖自己的決心。

舉例來說，世界最大的圖片分享社交平台 Instagram 曾改過 LOGO 設計，從原本的咖啡色相機圖示，改成了彩虹扁平化的相機圖示，引起非常大的反彈，很多使用者第一時間跳出來說它難看，甚至引發一波刪除潮。

但現在 Instagram 已經度過改變帶來的陣痛期。APP 使用活躍人數屢創新高，2017 年 9 月更宣告日活躍人數達到 5 億人，月活躍人數達到 8 億人。

變化總讓人不舒服，但時間才是檢驗一切的標準。Google 前首席視覺設計師包曼說過：「當你做出改變時，一開始只有 20% 的人喜歡它，80% 的人是討厭的，但兩年以後，20% 的人依然喜歡，剩下 80% 的人已不在意了。」

因此，小編或網紅在經營社群時，還是要堅持做自己有興趣

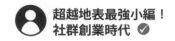
的東西，若為了提升粉絲活躍度而討好粉絲，一味被粉絲牽著鼻子
走，反而本末倒置了。

有一種社群專門做自拍，而且還可以讓你賺零用錢

近期在國外連自拍都可以賺錢了，你不必是網紅，也不用替商
品背書，透過 APP 自拍上傳照片，無論是刷牙、早餐、浴室清掃
產品都可以用自拍賺到一點零用錢。

這是一個叫做 Pay Your Selfie 的 APP 新展開的商業模式。2015
年成立，目前擁有超過 10 萬名用戶，蒐集超過 50 萬張自拍照。

使用者在拍照前，要先提供年齡、居住地等基本資料，即可根
據 APP 上描述的自拍任務，拍出指定的品牌露出照片並領取費用。

為何 Pay Your Selfie 可以用上傳自拍照賺錢？

Pay Your Selfie 替品牌客戶發佈的任務，往往能夠提供比老牌
的市調公司還要多且實際的消息。

全世界最大的快速消費品公司之一寶僑旗下牙膏品牌 Crest，
就曾經透過 Pay Your Selfie 發佈任務，號召使用者拿著 Crest 牙膏
上傳刷牙照，並從中得到傳統 Focus Group 和市調中心得不到的訊
息。

　　例如：11％的男性使用者，在刷牙時不會穿上衣；下午 4 點到 6 點有一個刷牙高峰期，可能是因為每個人都希望在下班後的黃金時間有個好口氣。這些資訊可以進而幫助 Crest 未來在採買社群廣告時，有更精準的投放時間。

　　另外，加拿大主打健康、蔬食快餐的 Freshii 也曾在 Pay Your Selfie 發佈過兩次自拍任務，從用戶外帶的健康小吃自拍照來分析，許多人都上傳花生巧克力棒。這代表健康外帶快餐給人的感覺跟公司想傳遞的宗旨大異其趣。

　　後來更進一步發掘，外帶客戶較喜歡藜麥、豆苗等食材，也透過自拍照蒐集群眾打卡位置，進而作為未來展店的參考。

這樣的商業模式在台灣可行嗎？

　　我曾把這個 APP 的案例跟身邊幾個資深廣告人分享，自拍＋任務發佈系統＋打卡功能＋圖片辨識，技術不難，但困難在於執行。

　　廣告人問我：「客戶假如出 10 萬元可以得到什麼？」

　　我說：「可以得到數據啊，比如說，喝牛奶的人都喝什麼牌子？也可以得到社群推廣的素材。10 萬裡面分 2 萬出來，以一張照片 10 元來計算，可以得到兩千張照片。」

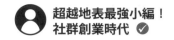

「兩千張照片可以幹嘛？大部分客戶想要推廣自家品牌，而且需要直接又有效的推廣。比如臉書廣告可以有個讚，或者點擊連接到別的地方，進而買東西，如果只是照片還有數據蒐集的價值，很難被台灣廠商認可。」

眾多廣告人的結論是，如果照片可以同步擴散到臉書，廠商會願意擴散買單，數據便是附加價值，畢竟他們接觸過的台灣廠商多半不會願意花錢在資料蒐集上，他們在意的是結案後數據，如：曝光數字、APP 安裝數字、有多少轉換率。

這是第一次用蒐集資料的方式賺錢嗎？

實際上，在國外有家 Tsu 社群平台擁有 500 萬名用戶，透過社平台和讀者分享廣告收入。簡單來說，你在臉書發文會被拿去做數據分析，然後臉書會再拿去賣給廣告商，但 Tsu 選擇和使用者分享廣告收入，有些 Tsu 的使用者，曾在網路上分享 Tsu 的支票，約莫落在 100～500 美金之間。

於是，Tsu 很快累積到 500 萬名用戶，但就在 2015 年 9 月，臉書封鎖了所有 Tsu 的使用者，任何網址中帶有 Tsu 的鏈接全部被清除得一乾二淨，就連以前的相關發文也被清理了。Tsu 的使用者總計被刪除了超過 1000 多萬則貼文，直到美國和歐洲的幾個媒體

關注「封殺話題」，兩個月之後，Tsu 才重回臉書的平台。

　　社群網路在進化，從原本文字為主的呈現方式轉變成圖片，未來會更進一步走向影音；五花八門的社群平台層出不窮，但臉書獨大，似乎也沒有想像中友善；無論平台和商家都在思考如何突出重圍的關鍵獲利點，只是當商家開始懂得在社群平台投放廣告後，不要忽略資料蒐集的前置作業，避免行銷活動到最後事倍功半。

Lesson 5　社群改變了世界什麼？

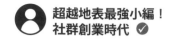
> # 為什麼大家都
> # 只在臉書潛水、不發文了？

　　根據《科技媒體》（*The Information*）報導，臉書分享和發佈內容的數量一直在下降，尤其 30 歲以下的年輕人，這種減少趨勢更為明顯。潛水的人變多了，喜歡發文的人變少了，為什麼呢？我分別問了 4 個人，得到 4 種不同答案。

1. 高中生／女性／ 16 歲

　　「現在我還是會在臉書發文，但都廢文＋上（加上）有加家人所以不常發了，因為都會說閒話或是碎碎唸，平時跟朋友的玩笑話都被當認真的。

　　現在比較常用 Instagram，能發一些文然後配配圖，比較少人關注，也沒加家人，所以關於感情文章都發在那裡。

　　賴（LINE）超常使用，因為可以跟朋友聊一些超沒營養的事，

女人的感情什麼的，但有時家人的群組那些老人家真的滿愛發一些金玉良言的圖片，一天能發 20 ～ 30 則，老實說真的有點厭煩。」

2. 社會新鮮人／女性／ 23 歲

「以前在學生時代，大家會發吃喝玩樂的圖，不管是 KTV 唱歌、郊外踏青、醜臉自拍，已經習慣只有開心的事情才值得用臉書記錄。

現在出社會了，好像也沒什麼成就，平常就是朝九晚五的工作，每天公司、家裡兩點一線沒什麼好分享的。

真的要講什麼，會發在 Instagram（而且還要設定私密）或臉書的一些不公開社團。

可是臉書又不能不用（因為大家都在用），就只好改變方式不再分享生活了，改成看新聞，然後轉發認同的理念之類的，還有大家都在轉發的笑話或圖片。

有時候加的人太多，文章就會被越來越多人檢視，會有越來越多閒言閒語，就像長輩會說不要在臉書上談政治話題，他們的關心間接變成某種壓力，因此只好漸漸發些無關痛癢的廢文。不然就是遇到天災人禍的時候分享『天佑台灣』之類的祈禱圖，很少會自己寫新的東西。」

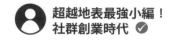

3. 媒體工作者／男性／ 36 歲

「我上一次真的自己發表動態，是因為老婆生小孩，只有結婚生子這種大事才會用臉書記錄。還有偶爾出國旅行也會發文，讓大家知道自己過得還不錯。

平常就潛水看看正妹小模發文，生活瑣事會透過 LINE，還有用臉書的即時通連絡事情，私訊已成為主要的一對一溝通。

我覺得臉書已變成日常工作，要負責的東西變得好多又好雜，之前寫完新聞還要再當小編，現在甚至被要求開直播！明明就很單純的採訪，也變成要拿著手機守著，尤其是頒獎典禮走紅地毯，還有活動現場都要開直播。

以前 MSN 會給人壓力，現在臉書更誇張，因為一天到晚都要面對，回家就會不想開，想休息。現在發文會比較謹慎，畢竟加的人太多，貼出來要是有用的東西才有面子，那些心情瑣事已經沒有記錄的價值了。」

4. 長輩／女性／ 52 歲

「很好啊，可以用臉書跟身旁好友聯繫。看到自己的動態被按讚就很開心。那些年紀相仿的老友們，大家現在時間都變多了，一

起出去踏青就會一起拍照，不管是花花草草，還是大家的自拍，好像年輕人都在做，也要自拍趕個流行。

　　我最喜歡在風景區拍合照，因為朋友們可以一起按讚。她們幫我按一個讚，我當然也要禮尚往來回個讚給她。

　　我的小孩才奇怪，大家開開心心在臉書留言聊天不是很好嗎？他們有時候就是要在照片下面留言講一些難聽的話煞風景，根本找碴嘛，那些話被朋友看到多沒面子！

　　對了，這陣子也會用 LINE，只是好麻煩啊，要一個一個發。我分享代表我關心，小朋友已讀不回才不懂事。那些很棒的金玉良言還有防詐騙資訊一定要發給每一個人啊，用臉書一次發，就可以讓很多人看到比較方便。」

越來越多人注重隱私，臉書再出招

　　上述紀錄僅代表個人觀點，不見得每個人都會遇到同樣的狀況，但從中可以看出，越來越多人注重隱私，改用一對一通訊軟體，偏好更私密、具圖像的溝通模式。

　　這個現象短期內看不出對臉書的影響，但長期來看，潛水者的增加會讓臉書失去活力，變得不再有趣，進而引發越來越少人登入閱讀。

　　有鑑於此，臉書也積極採取挽救措施，如推出「歷史上的今天」服務，發出生日提醒、節日提醒，舊照片提醒，激勵使用者轉發分享，重新開啟對話。

　　另外，再押寶「直播」，推出全體用戶使用直播功能，促進原創內容的產生，並首次付費邀請歐美重量級媒體，如《紐約時報》等使用自家直播服務。

　　這樣的作法，是過去的臉書無法想像的，也因此更顯示出臉書對直播服務的重視程度超乎想像。試圖用足夠優質的資源，吸引用戶留下，並且自行使用產出更多內容，替未來向廣告商收費鋪路。

　　畢竟，網路社群以人為本，若使用者不再願意提供具獨特性的原創內容且變得冷漠，長此以往對蒐集用戶喜好，再精準投放廣告的臉書來說，就喪失了最大的武器。

　　現在，臉書已經出招，接下來，就看大家買不買單了。

社群媒體改變了四大購買習慣，消費者更在意這件事

　　社群、網路廣告正在改變消費者的消費模式，在行動網路的推波助瀾下，許多消費者會上網發掘自己的需求、比價、查詢評價和交易，但消費者會對哪些管道有感覺，他們信任哪些資訊來源，認為哪些平台最有影響力？

　　國外 stackla 市調公司在 2017 年針對美國、英國、澳洲的 2000
名消費者調查，這份數據可以讓我們更瞭解網路時代的消費者習
性。

　　市調公司找到了網路時代的消費者習性四大關鍵：

1. 真實感變得前所未有的重要

　　研究發現超過 86％的消費者認為，「真實感」是他們決定是
否喜愛、購買一個品牌的決定性關鍵。尤其是在 35 歲以下的消費
者來說，有 90 ％的消費者認為真實、有機的產品，比完美、甚至
是過度包裝的產品來得更值得購買。

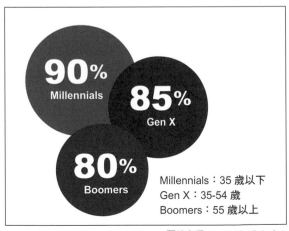

圖片來源：socialmediatoday

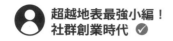
這聽起來有些玄妙，但讓我們來聽聽看國際知名美妝大牌曾經吃的虧，就會懂了。

前陣子，Dior 推出全新的抗老保養品「逆時完美再造系列」，宣稱可以密集修復老化痕跡，讓肌膚綻放年輕光采，撫平細紋和皺紋，尤其對鬆弛方面具有超凡效果，可以再造青春完美輪廓。

消費者對於這些常見的抗老產品宣傳詞彙並不買帳，因為 Dior 找的代言人是 25 歲的超級名模卡拉，正值青春的卡拉哪裡需要抗老和除皺產品，因此廣告不但沒有獲得女性消費者青睞，更造成反效果，引發輿論抨擊。

許多網友在各大社群平台留言表示，找一個 25 歲的女性擔任抗老產品代言人太荒謬了，難道找一個超過 40 歲或是 30 歲的代言人很難嗎？

Dior 的案例值得參考，當制定行銷策略時不要過度包裝，真實感反而是消費者更在意的關鍵，有時候「不完美也很美」，消費者也會因此更有代入感。

2. 消費者對品牌所塑造的故事持有疑慮

現代的消費者獲取資訊的方式日益多元，也變得越來越聰明。

研究指出，超過 57％的消費者並不相信品牌所塑造的故事。

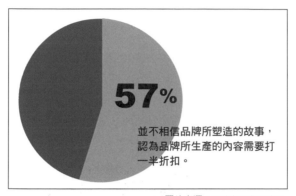

　　而且超過 70％的消費者，能夠分辨出業配文和真實體驗文的差異。

　　對消費者來說，他們能夠分辨出品牌試圖引導的輿論，這樣的做法更會讓他們對品牌失去信賴度，平均有 20％的消費者發現品牌誇大不實後，會取消追蹤這些品牌的社群媒體，對於 35 歲以下的消費者，這樣的反應更是激烈，有 30％的人會選擇取消追蹤，不再願意收到這些品牌所提供的資訊。

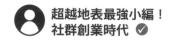
3. 消費者認為自主發佈的使用心得最有說服力

由於社群平台日漸發達，行動網路普及，越來越多消費者會在使用後提出使用心得。這些內容不見得是知名人士所產出的，他們可能散見各大社群平台，有可能是某個陌生人發佈的臉書貼文，也有可能是某個論壇的討論串，這些資訊都是消費者認為最真實的內容。

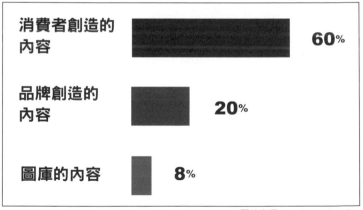

圖片來源：socialmediatoday

有超過60％的消費者認為UGC（User Generated Content的縮寫），使用者自主產生的內容是最真實的，這些散見各大網站的留言、評價，信賴度比品牌產出的內容高出三倍。

4. 明星和網紅可信度比想像中低

近幾年，網紅成為各大品牌的新寵，透過他們的介紹彷彿就能讓業績一飛沖天，但研究指出，明星、網紅在消費者心中的可信度比想像中低。

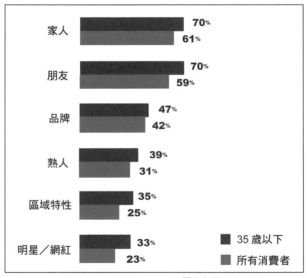

圖片來源：socialmediatoday

相較於明星和網紅的現身說法，60％的消費者更相信身邊朋友、家人的介紹。僅有 23 ％的消費者認為明星和網紅在消費決策

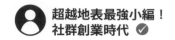
中具有指標性的意義。

　　但這並不代表網紅沒有影響力，畢竟絕大多數的品牌在進行宣傳時，不見得有大筆預算請到明星或大咖網紅代言。

　　因此，微網紅的市場興起。對於許多品牌來說，與其找幾百萬人追蹤的網紅，不如尋找 5 萬、10 萬、20 萬人追蹤，在自己的專屬領域具有影響力的網紅，來進行產品的推廣和見證。因為在品牌建構初期，透過這些在專業領域具有影響力的網紅，可以讓產品在該領域中的宣傳事半功倍。

　　上述四個關鍵，可以讓行銷人在制定行銷計畫時，更瞭解消費者習性。

　　這份研究報告也讓我們發現，在行動網路時代，消費者不見得是在追求圖像式的廣告或互動型態的廣告，而是在意真實性和信賴感。如何透過家人、朋友、同儕產生的口碑效應，讓產品更能滲透到每一位消費者的心，將會是行銷人未來最大的課題。

社群讓人不快樂？為何 20 歲歐美超模會刪除 5,500 萬人追蹤的 Instagram 帳號？

　　社群網路讓東、西方都感受到壓力，對於這件事，你是不是也有一點切身感受？

前陣子，日本軟體開發公司「JunstSystems」調查了 15 ～ 59 歲的臉書用戶，將近七成的人都感受到壓力，日本人的理由是「在網路塑造理想中的自己」「網路和現實所表現的行為舉止完全不同」「想要讓人家看到他（她）好的一面」，讓人產生違和感進而產生壓力。

蘇格蘭愛丁堡大學也曾做過研究:「加臉書好友會讓人有壓力，尤其是加父母、老闆、同事。」因為大家會擔心照片或言論造成的後遺症，打開相機就會想到老闆，看到臉書就會浮現父母的臉，於是在發文時無法做自己，必須有些自我規範，壓力自然就來了。

即便臉書提供設定隱私權的功能，可以把 PO 文設定成特定用戶閱覽，但僅僅有 1/3 的人使用過，大多數人都是直接發文，或者根本不發，頂多只設定好友限定。

日積月累下來，加好友變成一件太過容易的事，導致好友通膨，但很多僅僅是一面之緣，甚至素未謀面。

超模刪除 Instagram 帳號，打算暫時戒掉社群媒體

在 Instagram 擁有 5,500 萬追蹤人數的超模坎達爾‧珍娜，是美國最會炒話題的卡戴珊家族成員。

她曾以一張愛心髮照片成為 Instagram 照片人氣王，也因擅長

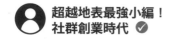
經營社群網站，被美國《VOGUE》評為當今最具有影響力的模特兒之一。

坎達爾的身價因此水漲船高，數據分析公司計算過，她在 Instagram 一篇貼文價值 12.5 萬～ 30 萬美元，可是就在週日無預警關閉經營多時的 Instagram 帳號，引起廣大的粉絲和媒體的關注。她純粹只是想暫時戒掉社群媒體，覺得有點過度依賴。雖然沒有刪掉 Twitter 帳號，但也已經把 APP 從手機上移除。

臉書好友越來越多，人與人之間感情卻越來越淡

別說是坎達爾了，相信很多人現在也跟她一樣，張開眼睛第一件事就是打開手機，滑社群媒體臉書、Instagram、PTT……睡覺的時候，閉上眼睛前也是在滑社群媒體臉書、Instagram……

滑手機的時候，不全然是看看別人說了什麼，更多是看看自己貼文的按讚留言數、好友人數、追蹤人數有沒有增加。

其實，有時候我們也應該把社群媒體當作整理房間一樣好好打掃一番，避免社群平台如臉書、Instagram 的好友名單通膨。

整理好友名單時，沒必要像坎達爾那樣極端，直接刪除帳號跟自己過不去，但絕對可以用一些網路小工具，比如「Facebook friend Mining」查出臉書好友有沒有在互動，誰的互動頻率最高，

　　誰已經沒有在互動了，再將那些僅僅是一面之緣，甚至素未謀面的陌生人清理一番。

　　社群網路的分享理應讓人感到快樂，並非讓人感到壓力，因此當你發文感到壓力時，或許就是該好好清理自己好友清單的時候了，接下來勇敢的做最真實的自己，人生才不會有那麼多狗屁倒灶的鳥事。

全世界最多人追蹤的網紅 —— 超過 2 億雙眼睛都在看

　　她被《富比士》雜誌譽為「社群網站巨星」，她喝可口可樂的照片突破 500 萬個人按讚，影視歌三棲，跨足時尚設計，擁有個人服飾系列、同名香水，甚至被愛迪達找去參加設計研發新商品。

　　她是今年 24 歲的席琳娜，目前全世界最多人追蹤的人。從迪士尼頻道發跡，現在成為新世代天后，Instagram 追蹤人數超過 9,100 萬，臉書粉絲團按讚數超過 6,100 萬，Twitter 也擁有 4,450 萬，加上 YouTube 的 1,000 多萬訂閱人次，全部加總超過兩億人，幾乎是台灣人口的 10 倍之多。

　　最近她在 Instagram 發佈一張喝可樂照片，更成了 Instagram 史上按讚數最高的照片。根據社群媒體分析公司的數據，如果想要找她拍照，可能要支付超過 55 萬美金的酬勞（折合台幣約 1773 萬）。

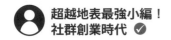

為何席琳娜可以擁有如此龐大的粉絲群？

其實，有些人很努力想被看見，好比說你可能曾聽過的「某某小模宣布按讚超過 10 萬就全裸」，也有些人 24 小時開直播，想盡辦法吸引關注；在數位時代，這些案例屢見不鮮，甚至逐漸變得頻繁。

很多中外媒體都在分析報導，席琳娜可以擁有如此龐大粉絲群的原因在於她成名甚早，從小獨立、影視歌三棲、美麗率真、高 EQ，以及與小賈斯汀那段剪不斷理還亂的戀情，都讓她的知名度層層往上堆疊。

我倒覺得那些分析多半是馬後炮。社群世界瞬息萬變，人氣如流水時起時落，就連每天跟社群、媒體、網路打交道的專家，也不見得能夠摸清楚觀眾口味。

當觀眾看你順眼時，你自然處處是優點；可是當他們看你不順眼時，當初喜歡你的理由也變成了討厭的原因。經營的人永遠不曉得大家為何喜歡你、何時喜歡你。就算知道了，也不見得能夠確保熱度一直都在，於是如何拿捏平衡、維持步調，變成每個成名者都必須面對的課題。

就算真的成為全世界最多人追蹤的網紅，同時被 2 億雙眼睛盯

著看，真的會快樂嗎？在那些眼睛的注視下，勢必有些人只是來看熱鬧的，等著你出包；有些人就算當下說真心喜歡你，也不見得真的瞭解你；直到你不知道該相信什麼，也不知道該相信誰，誰才是真正對你好的人，而不只是單純想利用你的人。

當你的世界連敵人和朋友都分不清時，不亂才怪！

席琳娜難得的是在萬人關注的情況下，依然可以維持自己的風格，做該做的事情——推出專輯、拍攝電影、與品牌合作，雖然不算特別突出，卻不會刻意張揚，也不會只為了證明自己的存在而特立獨行，始終沒有走偏。

不出錯是很難的學問，尤其在你被 2 億雙眼睛盯著看時，不太可能討好所有人，於是對席琳娜來說，就算偶爾被酸「用鈔票擦眼淚」也不值得在意，把心力放在如何讓自己更優秀上，其他的就隨他人去說吧。

當自拍變成一種病

我們每天滑手機都會看到各式各樣的自拍，朋友的、明星的、貓貓狗狗，甚至陌生人的自拍無所不在，在我們瀏覽照片的這一分鐘裡，全世界有數百萬張自拍正在產生。

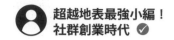

　　根據美國俄亥俄州立大學研究顯示，許多愛分享自拍照的人，可能有某方面精神疾病的徵兆。研究學者指出，他們調查了 800 位 18 歲到 40 歲的群眾，最後得到一個結論，經常在社群平台（臉書、Instagram、Twitter 等）貼出自拍照的人，個性偏向自戀、衝動……甚至是反社會性格。

　　這種種行為可能引發未來更多問題；研究更指出，自拍產生的精神異常可能比我們想像中嚴重，甚至讓人們太過關注自己的外表和自我物化，最後可能導致憂鬱症或飲食失調。

　　摒除自拍可能產生的精神層面問題，美國 NBC 記者／主持人歐塔・卡比就曾因為自拍所產生的物理性傷害，成為史上首個醫學案例。

　　歐塔・卡比今年 52 歲，是美國 NBC 知名記者和主持人，曾獲頒許多新聞獎項，如日間艾美獎最佳晨間節目、新聞及紀錄片艾美獎傑出雜誌類重大新聞報導。為了拉近和觀眾的距離，她也在經營自己的社群平台，從臉書到 Instagram 再到 Twitter 統統都有。歐塔・卡比每天都會上傳精彩的生活照片，從照片中也不難發現，她特別喜歡自拍，而且永遠都是完美的角度和潔淨整齊的牙齒，但卻也因此付出了代價。

　　「醫生問我有沒有打網球或乒乓球，我都沒有，可是我常常舉

著手機自拍。」她接受《ELLE》雜誌採訪時說：「自拍時手臂會舉得很高，而且為了完美的臉型，手腕必須彎曲到一種不可思議的角度，再維持這種姿勢按 10 下、20 下、30 下、40 下！」

歐塔・卡比得了「自拍肘」，就像職業網球選手得了網球肘，運動選手過度使用某個部位就容易造成肌腱、關節發炎的道理一樣，自拍多了也會形成手腕和手肘負擔。可是，她並沒有因此停止自拍，她表示，右手不舒服就換左手，若兩隻手肘都很痛就請別人拍。總而言之，她會自拍到底！但好在她不是只上傳自拍照。

我們常常可以看到有些人永遠只用同一個角度、同一個表情自拍，千篇一律的打卡發文，背景不清不楚，甚至超糊，根本看不出來她去了哪裡，而且還不一口氣發完，隔幾小時再來一次，這對讀者來說其實也是一種凌遲。

自拍是一種自我展現，當你擁有一杯咖啡和美景，想用手機記錄自己的生活無可厚非，但還是要記得好好享受眼前的那杯咖啡和美景，因為沒有一張照片值得你那麼痛苦去拍。

一個人若是在走路的時候老想著該如何去走，最後就很容易被自己絆倒。拍照也一樣，不要為了拍而拍，也不要為了炫耀而拍；可以用照片分享生活，但不是被自拍制約生活。

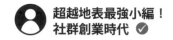

網紅及企業品牌不該在社群平台分享的六種內容

無論個人還是企業品牌，都想成為社群平台的佼佼者，就像網紅這個新興名詞也是一種個人品牌經營。

社群經營者在思考到底要怎麼做才會被分享的同時，卻忽略了有些事情其實不適合分享。以下整理了六個不應該分享的項目：

1. 不要講你的客戶和廠商壞話

這點看似容易，但許多人會控制不住情緒，在網路上發洩，內容若是被放大，又或者傳到他人耳裡，情緒性發言很可能被無限擴大或誤解。

或許有人會認為，只要限定好友閱讀就好，但現在接受好友的標準太寬鬆，除非真的可以確保你的每位臉書好友能守口如瓶，不會亂傳。

心情不好想發洩時，還是打電話向特定朋友訴苦比較安全。網路上容易留下紀錄，你出了一口氣後，很可能會嚇跑還不認識你的粉絲、客戶或廠商。

2. 不要發跟自己主題無關的內容

若是商用類型的粉絲專頁，不必發跟自己產品無關的內容，明明是賣滷味，卻一天到晚發可愛小貓小狗或萌娃嬰兒照？沒有邏輯。

很多人常說，經營粉專要有溫度、要生活化、要跟粉絲博感情，但商用粉專不像網紅產業或個人粉絲專頁，本身就有侷限性。

所謂發文的溫度，不是發一些不相干的事情，而是站在消費者的角度設身處地，運用文字或畫面的情感做強連結，讓讀者產生共鳴，例如友情、親情或愛情，或人生特殊成就、畢業、升職、加薪與送禮等相關議題。

切記，<u>**生活化的內容是指發現消費者可能會發生的問題**</u>，你該呈現的是你的產品可以怎麼解決問題，而不是靠單純噓寒問暖的貼文或搞笑 KUSO 圖集來譁眾取寵。

3. 不要隨便發政治或宗教文

如果不是政治人物或宗教狂熱份子，只想默默經營好粉絲專頁，不想無事惹塵埃，你的粉絲專頁就不適合發表跟宗教或政治相關的消息。網紅和企業品牌若分享政治、宗教類型的文章，反而本末倒置，引來特定粉絲意見，徒增紛擾。

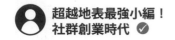
4. 不要發沒有整合過的資訊

整合有兩種意思：一是內容統整性，先確定好主題，且一篇貼文不能超過一個主題，否則會失焦；另外也要特別注意照片、文字、分段、間距與小標題的編排。

二是在正式發佈文章前，先用手機看一下發文，現在 80％的流量來自行動網路，版面、圖片，乃至於預覽圖示是否符合臉書規格，都會直接影響粉絲感受。

有人問：「每個網站可使用的圖片尺寸都不一樣，抓到的預覽也不一樣，要怎麼設定規格呢？」

現在臉書使用者很多，不照著人家的作法走，效果不好也只能摸摸鼻子。臉書有提供尺寸規範，預覽圖也可以另外做，程式會自動去抓特定語法位置的圖片。若想收到成效，建議遵循平台的遊戲規則走。

5. 不要在別人的傷口上灑鹽

當發生天災人禍，或是他人的不堪事件，若想藉此獲利或引發關注都是不當行為。

祈福或祝福也就罷了，但曾有個案例，一對明星夫妻感情生

變，老婆劈腿小王被抓包，某網拍業者立刻在社群平台上販售劈腿老婆身上穿的潮 T，並且大打廣告，這樣的作法很不明智，容易引起群眾反感及撻伐。

6. 不要一直在社群上強迫推銷

企業品牌或商用粉絲專頁，最終目的是賣產品，但怎麼賣取決於每個人的闡述能力。有時候，不過就是短短一句話，就能推你入坑。真正決定勝負的，是如何延續一條貼文的壽命，不是反覆發文闡述同一件事，幫受眾洗腦。

發文以後發現成效不如預期，就不該再用同樣的模式重新再推，反而應該去想，該如何換句話說，採用別種形式銷售產品？

舉例說明，若名人代言失敗，可以試試素人見證或網紅推薦。臉書興起後，發文測試的門檻變低了，我們應該把握測試的機會，設定主題、分類，測試出符合消費者胃口的內容。而不是反覆在社群平台上發送沒有意義的消費資訊。

試想，如果身邊有個人每次私訊你都只想賣東西，而且還不是你需要的，你能忍受多久？若交情不好，一定立刻封鎖刪除朋友，謝謝再聯絡。社群經營也一樣，不是不能賣東西，而是不要讓對方感覺你在強迫推銷。

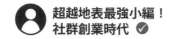

畢竟消費者是先「不小心」滑手機時看到你提供的內容，因此，內容如何引起他的興趣，無論是促銷資訊、產品見證、拍攝影片、闡述公司理念……五花八門無奇不有，重點是找到屬於自己跟消費者的溝通方式，讓他想繼續看下去，進而完成購買行為才是最重要的。

你以為臉書是免費的，其實付出了比錢更寶貴的東西

丹麥 TV2 電視台拍了一部紀錄片《手機不設防》，邀請丹麥當地大學生製作一款免費下載的手電筒 APP，上架到 Google Play 商店，其權限設定跟臉書 APP 相同，只要 APP 處於開啟狀態就能獲取相片、簡訊、麥克風、GPS 定位等資訊，再到街頭隨機邀請路人下載使用，路人下載 APP 時，有些需要同意條款，人們往往不會閱讀就點下去。

幾天後，工作人員在測試對象未告知地址的情況下，透過手機 APP 蒐集到的 GPS 定位資訊，便大剌剌的到對方家裡拜訪，告知手機 APP 背後的真相……

當你發現自己的簡訊在不知情的情況下，出現在陌生人的電腦裡，是什麼感覺？

你可以接受自己的自拍在你不知情的情況下，被傳送到陌生人

的電腦裡嗎？

　　你知道你的手機麥克風可以在你不知情的情況下錄音，並傳送到陌生人的電腦裡嗎？

　　其實，這些事情每天都在發生，你的手機裡甚至可能有超過幾十個 APP 都在做一樣的事情，默默蒐集你的使用行為，比你更瞭解自己。

　　有太多 APP 請求允許存取的資料比實際需要的還多，《手機不設防》紀錄片試圖告訴我們，太過依賴科技，太過依賴智慧型手機，在選擇看似方便和免費的同時，其實也放棄了什麼。

　　Google、臉書提供的諸多免費服務讓我們養成依賴，因為不想失去他們，而接受許多條款，但卻付出了 100％的隱私權，讓他們對我們的瞭解越來越多，並從中獲利。

　　《手機不設防》紀錄片最讓我印象深刻的是，路人知道被竊聽以後的反應。原本還笑笑的路人，臉色越來越沉重，紛紛表示這也太瘋狂了，當他們看到自己私密的照片、對話紀錄出現在陌生人的電腦裡時，不禁大聲疾呼：「有人跑到我的世界監視我！」但也氣自己竟然這麼輕易就接受了那些條款，甚至在移除 APP 以後，那些私密資料還是留存在那些陌生人的電腦裡。

　　影片裡的路人，幾乎一開始都是笑著開始，卻面色凝重的結

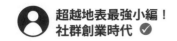
束，表達自己氣到抓狂，認為這是侵犯隱私，更是保密工作的巨大漏洞。

更嚴重的是，當那些公司濫用我們的資料，把它賣給其他公司藉此獲利，我們也無法控管。有時候我們會在社群平台上跟比較私密的朋友討論工作近況，抱怨一些瑣事，或者講些比較負面的話批評老闆，那些對話紀錄、簡訊，若賣給人資公司，雇主也有可能因為負面態度不想雇用你，那些未經深思而傳達的訊息，早就決定你是一個怎麼樣的人了。

紀錄片也試圖詢問臉書從我們的手機擷取了多少私密資訊，他們目前以及未來會如何使用我們的資訊？還有，他們把資料賣給誰？但臉書不願接受訪問。

這實在令人無奈，可是偏偏刪掉這些 APP，不用臉書、不用 Email、不上網，似乎又不太可能，那麼到底該怎麼辦？

其實，我們都很清楚這是自己的隱私，應該有權利選擇要給誰看，不該有人可以任意存取我的東西，可是，那些 APP 甚至可以開啟相機、麥克風錄下任何想要獲取的東西，用 GPS 便知道你身在何處，而我們只為貪圖一點方便，就把自己賣掉了。

現在能做的，是讓更多人關注這個議題，呼籲政府讓那些陳舊的法規跟著時代進步，不要故步自封，在使用這些免費 APP 的同

時，有限度的提供資訊供對方使用，而不是默許手機變成最可怕的監視器，甚至在不自覺的情況下，讓它們合法竊聽我們的隱私。

（備註：影片裡提到的手電筒 APP，在製作時刻意將存取權限設定為跟臉書所要求的存取權限一模一樣，以便測試到底可以獲得什麼資訊。結果顯示，可以獲得 GPS（你的所在位置）、相片（你的私密照片）、麥克風（你說過的話）等相關資訊。

小編能做一輩子嗎？社群小編的生涯規畫

社群小編是近幾年興起的職業，十年前在臉書尚未普及時並不存在，那時候流行的是部落格，由於寫作門檻較高，因此很少看到企業聘請「部落格專員」類似的職務。

現在行動裝置日益普及，臉書、LINE 等各式各樣的通訊、社交軟體滲透我們的生活，我們用臉書看新聞、看八卦，並得到消費購物等資訊，因此各大企業也紛紛重視起相關需求，招聘「社群小編」的工作職缺。

《數位時代》曾刊載過小編的薪資狀況，平均月薪落在 33k，少部分月薪在 45k ～ 48k 左右。

近期，我也受各大專院校和企業之邀，談社群小編的經營養成術，台下往往會有百來人，來自不同領域，有媒體、新聞相關的

小編，也有產品、品牌服務的小編，還有替別人經營自媒體的小編……

　　即便是社群小編也有分不同類型，遇到不同的狀況和問題時，需要的能力都不一樣，以下可讓各位理解社群小編的生態，以及未來的發展性。

台灣小編常見的職業類別

　　簡單來說，小編分三種類型，分別是：新聞媒體型態、產品公關型態，以及自媒體經營型態的小編。

　　1. 新聞媒體型態：

　　新聞媒體類型的小編，負責的內容多半是把自家新聞網站的內容轉到臉書粉絲團，吸引讀者點擊閱讀。這項工作聽起來簡單，但實際上執行卻很複雜，尤其當你一天要面對成千上百條新聞，要在短短 10 分鐘吸收消化，並且撰寫吸引人卻又不過分誇張的文案，很考驗小編脆弱的心。

　　新聞類型小編需要接觸多元的內容，因此發展的方向也會跟內容較相關，未來較有機會接觸到偏向內容策畫、頻道編輯的工作，慢慢可以負責綜合性的網站內容規畫，與其他媒體、各界專家達人洽談內容授權相關工作，朝著內容總監的方向邁進（如下圖）。

新聞媒體型態	小編	綜合網站編輯	內容總監

工作項目：內容策畫、頻道編輯、內容撰寫、文章授權、想辦法讓人家來看文章

2. 產品公關型態：

產品公關型態的小編負責的工作內容偏向行銷相關領域，我之前曾在網路遊戲公司擔任過行銷企畫，工作內容不會只是經營粉絲團，而是什麼都要會一點，把粉絲團當作增加產品曝光的平台，進而吸引人來下載遊戲，維繫玩家和團隊之間的關係。

這份工作的小編是將公司產品介紹給消費者的重要橋梁，必須瞭解產品也需要瞭解消費者心理，才有辦法將公司產品用消費者聽得懂的語言溝通，可能會負責的工作內容偏向產品行銷、發佈最新資訊、促銷內容、舉辦實體及虛擬活動、廣告投放、客戶服務……等，日後較有可能邁向資深行銷主管及行銷總監的道路（如下圖）。

產品公關型態	小編	行銷主管	行銷總監

工作項目：發佈產品資訊，舉辦實體、虛擬活動，廣告投效，客戶服務，想辦法賣東西

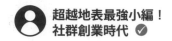
3. 自媒體經營型態：

這裡所指的不見得是經營自己的自媒體小編，而是受僱於某些藝人、各界達人、醫師、占卜師、彩妝師、造型師……這些小編要負責的事情往往更多更雜，一個人就需要具備文案、修圖能力，甚至拍片、剪接能力。而且也必須熟悉新興的社群平台，比如從部落格到臉書粉絲團，從粉絲團到 Instagram 或 LINE@，從長篇大論的文章到用幾句話跟網友溝通，再到拍照做影片，都需要學習培養新的技能（如下圖）。

自媒體型態　▷　小編　▷　經營自己　▷　自創品牌

工作項目：文案、修圖能力、甚至還有拍片、剪接的能力，需要靈活運用各種類型的社群平台

隨著新媒體不斷發展，出現越來越多工作職缺，以我自己為例，小編只是一個過程，能力達到了便可邁向內容、行銷，甚至自立門戶做品牌也不無可能。我現在負責的是媒體的內容頻道、專欄

作家、出書。這些在我成為部落客、成為小編以前都是沒有想過的事。

最後，無論做哪一種小編，那些在公司做的事情全都是別人的，能力你可以帶走，但其他累積的無形資源你帶不走。就好像大家可能常常聽到，某某品牌的小編很厲害，但一個成功的內容具備很多條件，從品牌本身的知名度，到廣告預算的投放，再到實際銷售管道的廣度，這些都不是小編一個人的功力，而且離開以後，要再創造類似的成績，其實沒有想像中容易。

因此，我常鼓勵小編們在工作之餘，也要經營自己的自媒體，透過社群小編的工作，學會使用工具後，試著摸索出自己的屬性，找出最有效或最好的方法使用工具，累積自己的品牌力。這條路並不輕鬆，但累積下來的資產才是別人拿不走的。

處理負面評價必須注意的眉角

你曾在網路上被批評過嗎？

經營社群時，無論你是哪一種類型的社群平台：臉書、Instagram、部落格、YouTube，也不管你是哪一種型態：商用、個人網紅、新聞媒體類型，都會遇到同樣的狀況，那就是遇到否定你的意見，情況嚴重一點就會變成負面評價，導致商譽、形象受損。

　　有陣子，我在幾家不同的公司做企業內部訓練，一連講了三場下來，發覺一個有趣的現象，不管是做 APP、媒體或個人品牌，各大社群經營者都不約而同提出一個問題：遇到負面口碑傳出，該怎麼辦？

　　雖說無論做任何事都不可能讓全世界滿意，就連已故的蘋果精神領袖賈伯斯，也有不認同他待人處事風格的閒言閒語，除了經營者不要太過玻璃心，必須自行調整心態，擁有「被討厭的勇氣」之外，遇到負面評價還是有些值得注意的眉角。

　　我也是社群經營者，當粉絲團成長到 67 萬人按讚時，也遇過負面評價攻擊而沉寂一段時間，但我不想為了那些不喜歡我的人放棄多年夢想，於是寫了一本《為夢想跌倒，痛也值得！》記錄那段心路歷程。

　　工作同仁們也跟我分享了兩位美國律師撰寫的《數位口碑經濟時代》一書內容，對於書裡的幾個概念，我深有感觸，於是結合自身經歷，把處理的方式整理成如下圖表，希望對各位讀者有所幫助。

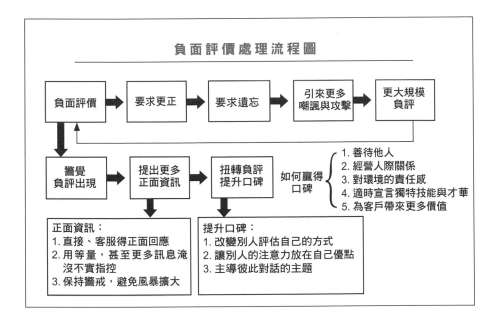

1. 當「負面口碑浮現」，避免陷入循環口水戰

　　幾年前的某 3C 大廠雇傭網路寫手在網路攻訐對手，以大量假開箱心得文，企圖塑造自家產品廣受好評的印象，促使消費者購買，未料被網友抓包，第一時間面對網路排山倒海的質疑，含糊其詞推拖，讓質疑網友更堅信「有鬼」，反而引來更多嘲諷攻擊，湧進更大量負評，最後整起事件陷入廠商最不樂見的「負評螺旋」窘況。

即便對經營者來說，很多批評只是情緒性大於建設性，但卻又不可能一一去跟看熱鬧的網友們說明。那麼，遇到負面評價時到底需不需要回應？是否需要逐一回應以示誠意？根據我自己的經驗，整理出以下要點：

（1）話要說給懂的人聽：

我曾經遇過幾次負面評價，一開始選擇不回應，希望以和為貴，沒想到後來鬧到上新聞，我很在意，在意到自己那陣子每天都去搜尋攻擊我的人到底是誰。

可是，這些作法並沒有意義，因為絕大多數的狀況都是他們躲在螢幕後面突然跑出來罵你一句然後消失，根本找不到對象。

我漸漸瞭解，很多時候人的情緒是遷怒大過於事實，你怎麼做怎麼錯，沉默被當作心虛，反擊被抨擊為硬拗，所以也只能告訴自己盡量調適心情不要介意。

現今自媒體時代，發文需要字斟句酌，不能有什麼情緒就寫什麼。尤其是在眾人一頭熱的時候，沒必要再去刺激彼此的情緒，讓他人有機會拿來做文章。

話要說給懂的人聽，你不需要讓所有人都愛你，只需要直接用正面的舉動讓大家明白你不是這樣的人。如果真的要抱怨，記得找

三五好友聊聊天，把這些討厭的聲音消化成正面的力量。

（2）對你的族群說話，而不是對看熱鬧的人說話：

當你看到那些批評時，不要只看到批評，要記得那些背後的支持。網友總會有很多情緒性發言，所以不必逐一去看他們所寫的話，說明自己的立場以後，就無需多言，把自己的人生過好就好，生命不要浪費在口水戰和謾罵上。

曾有一次，我在電視台替新媒體的員工做內部訓練，有位員工跟我分享，他常常嘔心瀝血寫了一篇文章，卻被網友用很情緒性的言語批評，譬如：「小時候不努力，長大當記者！」「xx 台記者果然是政府的走狗！」

面對網友的批評，他很想回應，卻又不知道該怎麼做。

其實，我們還是要回到一個重點：你經營的目的是什麼？

以媒體類型的粉絲團來說，身為小編最主要的工作是替公司網站增加點閱率，畢竟老闆不是找你來跟網友吵架的，而是來替公司創造流量的。

經營粉絲團的小編想要回應網友的謾罵時，通常採取的作法是先把身分切換到個人帳號來回應，但這樣的作法還是有可能被神通廣大的網友搜出你的身分是公司員工，造成不必要的困擾。所以，

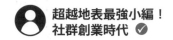
我建議如果真的想要回應網友的批評指教，可以試著直接把自己想說的話變成一篇新聞稿。

針對你的族群說話，而不是對特定的某個人說話。寫完新聞稿以後，再發表到粉絲團讓所有粉絲觀看。畢竟，很多事情是一體兩面，針對新聞時事本來就會有各方觀點切入。透過這樣的方式，不僅能說出自己的心聲，還可以替公司的網頁創造流量，一舉兩得。

2. 蒐集正面回應

曾有一次我被罵慘了，甚至連電視台主播都在電視上說：「冒牌生果然是冒牌的！」甚至有出版社編輯對我說：「你的書就是廢紙，網友說你的貼文都是廢文！」

那陣子，我只看到那些不喜歡我的人，卻忽略那些喜歡我的讀者。後來，有個朋友買了 20 本書，要我一本本簽名，她要拿去送給朋友，而且我還記得她在我簽名的時候，一直告訴我，你的書不是廢紙，你自己最清楚。

這讓我有很深的體悟。

當一張白紙上有了黑點，99％的人都只會注意到黑點，卻忽略剩下的白色。

社群經營者遇到負面評價時也一樣，所以，**不要只看到那些說**

你不好的，我們反而更應該感謝那些願意給你正面評價的人。

取得正面評價，必須靠平常的蒐集和累積。

負面評價就是一顆不定時炸彈，身為經營者，其實不太清楚何時會引爆、引爆到什麼程度，你不曉得自己說的哪句話會引起軒然大波，因此為了把傷害降到最低，平常就要蒐集正面的支持鼓勵，待發生負面評價時，可以讓別人來幫你說話，效果會比自己寫一大堆解釋來得更有說服力。

人生的路是自己的，越走越清晰，越走越明白。到最後不管那些酸言酸語說什麼，你得到的體悟和成長才足以證明一切。

「負評管控」是一門學問，在二手、三手資訊不斷被轉傳的今天，能接收數位訊息的載具太多，再加上臉書、Instagram 等各種社群平台蓬勃發展，現代人只能靠有限的資訊去預測、評估資訊主體的價值。而我們所能做的，即是不斷在各種社群平台上累積自己的正面資訊，並以「精準關鍵字」讓別人搜尋到你的優點，提高自己的影響力。

最後，提醒所有社群經營者，面對負面評價，從文字上闡述看似簡單，實際面對卻不容易。這是一條長遠的路，我們不用強求瞬間洗白，但要做到問心無愧。

至於那些總是來找碴的，還是那句老話：你不可能討好全世

界所有的人。不要為了討好別人，到頭來連自己真正的樣子都忘記了。培養獨立思考的能力，保持不卑不亢的態度，心平氣和才能做到從容淡定，笑看一切風雨。

Eurasian Publishing Group
圓神出版事業機構
用心與你對話・真野無限寬廣

如何出版社
Solutions Publishing

www.booklife.com.tw   reader@mail.eurasian.com.tw

(Happy Learning) 165

超越地表最強小編！社群創業時代：

FB＋IG經營這本就夠，百萬網紅的實戰筆記

作　　者／冒牌生
發 行 人／簡志忠
出 版 者／如何出版社有限公司
地　　址／台北市南京東路四段50號6樓之1
電　　話／（02）2579-6600・2579-8800・2570-3939
傳　　真／（02）2579-0338・2577-3220・2570-3636
總 編 輯／陳秋月
主　　編／柳怡如
責任編輯／尉遲佩文
專案企畫／沈蕙婷
校　　對／冒牌生・柳怡如・尉遲佩文
美術編輯／李家宜
行銷企畫／張鳳儀・曾宜婷
印務統籌／劉鳳剛・高榮祥
監　　印／高榮祥
排　　版／陳采淇
經 銷 商／叩應股份有限公司
郵撥帳號／18707239
法律顧問／圓神出版事業機構法律顧問　蕭雄淋律師
印　　刷／祥峯印刷廠
2018年4月　初版
2022年6月　10刷

定價 280 元　　　　　ISBN 978-986-136-507-7

在社群網路興起的年代，有人、有網路的地方就有社群！
——《超越地表最強小編！社群創業時代》

◆ **很喜歡這本書，很想要分享**

圓神書活網線上提供團購優惠，
或洽讀者服務部 02-2579-6600。

◆ **美好生活的提案家，期待為您服務**

圓神書活網 www.Booklife.com.tw
非會員歡迎體驗優惠，會員獨享累計福利！

國家圖書館出版品預行編目資料

超越地表最強小編！社群創業時代：FB＋IG經營這本就夠，百萬網紅的實
戰筆記／冒牌生 著. -- 初版. -- 臺北市：如何，2018.04
208面；14.8×20.8公分. --（Happy learning；165）
ISBN 978-986-136-507-7（平裝）

1.電子商務 2.網路社群 3.網路行銷

490.29   107002694